PHP入門

3ステップでしっかり学ぶ

スリーイン株式会社
小田垣佑／大井渉／金替洋佑［著］

技術評論社

●**免責**

本書に記載された内容は、情報の提供のみを目的としています。したがって、本書を用いた運用は、必ずお客様自身の責任と判断によって行ってください。これらの情報の運用の結果、いかなる障害が発生しても、技術評論社および著者はいかなる責任も負いません。

また、本書記載の情報は、2017年6月現在のものを掲載しております。ご利用時には、変更されている可能性があります。

本書は、以下のバージョンで動作確認を行っています。
・Windows 10 Home
・PHP 7.1.1
・XAMPP 3.2.2

本書サンプルコードの利用は、必ずお客様自身の責任と判断によって行ってください。サンプルコードを使用した結果生じたいかなる直接的・間接的障害も、技術評論社、著者、プログラムの開発者、およびサンプルコードの制作に関わったすべての個人と企業は、一切その責任を負いません。

以上の注意事項をご承諾いただいた上で、本書をご利用願います。これらの注意事項に関わる理由に基づく、返金、返本を含む、あらゆる対処を、技術評論社および著者は行いません。あらかじめ、ご承知おきください。

※本文中に記載されている社名、商品名、製品等の名称は、関係各社の商標または登録商標です。
　本文中に™、®、©は明記しておりません。

はじめに

本書は、HTMLやCSSのことは多少知っているが、「基本的にプログラムに初めて触れる方」をターゲットに書いた本です。

本書を手に取られた方は漠然とWebサイトを作ってみたい、あるいはプログラムで何ができるのかを知るために「PHP」に関する本を見てみよう、といった具合にさまざまな理由をお持ちだと思います。
本書では、「プログラムとは何だろう？」「そもそもPHPを使うと何ができるのだろう？」という根本的な疑問から、実際にどのようにPHPを使えば良いのかまで、PHPを学習するうえでの入口となる話をあますところなく入れました。

「予習」から要点をつかみ、「体験」で動くプログラムを書いて確認し、「理解」から「PHP」で何ができるのかを把握してみてください。
プログラムを使って「やりたいこと」が今まで以上に明確になっていくはずです。
本書でできることはPHPの基礎的な部分ですが、今後のステップアップに必要な最低限の要素を取り扱っています。

筆者自身がPHPを触り始めたころ、Webサイトを作るのであれば、HTMLさえ知っておけば何でもできると思っていました。いくらか時間が経ち、Webサイトのログイン画面を作ってみようと思ったとき、PHPなどのプログラミングや、MySQLなどのデータベースという技術が必要であることを知りました。それを知った途端、「何だろう、これは？」と、プログラミングやデータベースへの学習意欲がふつふつと湧いてきたことを覚えています。

探究心に火が付くタイミングは人によってそれぞれだと思いますが、本書を手に取って読んでいただき、「プログラム」や「PHP」に、さらに深く興味をもっていただけると幸いです。

2017年6月
著者を代表して
小田垣　佑

Contents

目次

- ●はじめに ... 3
- ●本書の使い方 ... 8

第0章 本書で使用するソフトウェアのインストール

- 0-1 XAMPPのインストール ... 10
- 0-2 Atomのインストール ... 16

第1章 PHPの基本知識

- 1-1 プログラムとは ... 20
- 1-2 PHPとは ... 24
- 1-3 HTMLとは ... 30
- 1-4 開発環境の確認 ... 40
- 1-5 PHPの基本文法 ... 46
- ❯❯❯ 第1章 練習問題 ... 52

第2章 サーバとクライアントの通信

- 2-1 サーバとクライアント ... 54
- 2-2 リンクからデータを送る ... 58
- 2-3 フォームからデータを送る ... 62
- ❯❯❯ 第2章 練習問題 ... 66

第3章　PHPで使えるいろいろなデータ

- 3-1　変数でデータを管理しよう　　68
- 3-2　文字列とは何だろう　　74
- 3-3　さまざまな数値　　80
- 3-4　プログラムにおける計算処理　　84
- ▶▶▶ 第3章　練習問題　　90

第4章　制御文 - 分岐

- 4-1　条件とは　　92
- 4-2　条件によって処理を分岐する - if　　98
- 4-3　たくさんの分岐を作る - if elseif　　106
- 4-4　もう1つの条件分岐 - switch　　112
- ▶▶▶ 第4章　練習問題　　120

第5章　処理を繰り返そう

- 5-1　繰り返し処理　　122
- 5-2　もう1つの繰り返し　　128
- 5-3　繰り返しを中断・スキップ
  - 繰り返しと分岐の組み合わせ　　134
- ▶▶▶ 第5章　練習問題　　142

Contents

第6章 配列でデータを管理する
- 6-1 配列を使ってみよう ... 144
- 6-2 配列と繰り返しの組み合わせ ... 150
- 6-3 チェックボックスと配列の関係 ... 156
- 6-4 キーで管理する連想配列 ... 162
- 第6章 練習問題 ... 166

第7章 関数を使おう
- 7-1 関数の使い方 ... 168
- 7-2 関数をさらに使いこなそう ... 178
- 7-3 関数を自分で作成してみよう ... 188
- 第7章 練習問題 ... 194

第8章 セッションを使おう
- 8-1 セッションとは ... 196
- 8-2 セッションに登録しよう ... 206
- 8-3 セッションから削除しよう ... 218
- 8-4 セッションをさらに活用しよう ... 224
- 第8章 練習問題 ... 236

第9章 クラスを利用してプログラムを作ろう

- 9-1 クラスとオブジェクトとは ……………… 238
- 9-2 用意されているクラスを使おう ………… 248
- 9-3 特別なstatic（静的） ……………………… 254
- 9-4 クラスを継承する ………………………… 258
- ▶▶▶ 第9章 練習問題 ………………………… 264

第10章 データベースとPHPを連携しよう

- 10-1 データベースとは ………………………… 266
- 10-2 必要なデータを検索するプログラム …… 272
- 10-3 データを追加するプログラム …………… 278
- 10-4 データを更新するプログラム …………… 284
- 10-5 データを削除するプログラム …………… 288
- ▶▶▶ 第10章 練習問題 ……………………… 292

- ●練習問題解答 …………………………………… 293
- ●索引 ……………………………………………… 301

本書の使い方

本書は、PHPを使ってプログラミングを行うための方法を学ぶ書籍です。
各節では、次の3段階の構成になっています。
本書の特徴を理解し、効率的に学習を進めて下さい

 その節で解説する内容を簡単にまとめています

 実際にPHPでプログラムを作成します

 キーワードや、プログラムのコードの内容を
文章とイラストで分かりやすく解説しています

練習問題 各章末には、
学習した内容を確認する練習問題がついています。
解答は、巻末の293ページに用意されています

●開発環境について
本書では、PHP開発環境が入ったXAMPPを使用します。これらのツールを別途ダウンロードして頂き、インストールする必要があります。
XAMPPのインストールは、10ページを参照してください。

●サンプルプログラムについて
本書で扱っているサンプルプログラムは、次のURLからダウンロードすることができます。
ダウンロード直後は圧縮ファイルの状態なので、適宜展開してから使用してください。

 http://gihyo.jp/book/2017/978-4-7741-9044-0/support

本書で使用するソフトウェアのインストール

0-1　XAMPPのインストール

0-2　Atomのインストール

第 0 章 本書で使用するソフトウェアのインストール

XAMPPのインストール

完成ファイル | なし

PHPを学習するために、必要な複数のソフトウェアを1つにまとめたものがXAMPP（ザンプ）です。PHPを実行する場合、XAMPPに含まれるソフトウェアのうち、以下のものが必要です。

- PHP
- Apache
- MariaDB

他にも便利なソフトウェアは含まれていますが、不要なものはインストールしないようにすることもできます。

1 インストールファイルのダウンロード（その1）

XAMPPのWebサイト（https://www.apachefriends.org/jp/index.html）にアクセスし、ダウンロードの下にある「その他のバージョンについては、こちらをクリックしてください」をクリックします❶。

❶ クリックする

2 インストールファイルのダウンロード(その2)

本書ではPHP 7を利用します。「version」が「7.x.x」とある行の「Download(32bit)」をクリックします❶。

>>> **Tips**

特に設定を変更していない場合は、Windowsでは、ダウンロードフォルダにインストールファイル(xampp-win32-7.x.xで始まるファイル名)が保存されます。

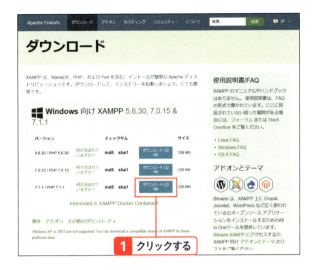

❶ クリックする

3 インストーラを実行する(その1)

ダウンロードしたファイルをダブルクリックして、インストーラを起動します。「ユーザー アカウント制御」画面が出た場合は「はい」をクリックします。ウィルス対策ソフトがインストールされている場合、「XAMPPのインストールを妨げる可能性があるかもしれません」といったメッセージが表示されます。そのまま、XAMPPのインストールは継続できますので、「Yes」ボタンを押します❶。

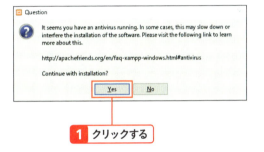

❶ クリックする

4 インストーラを実行する(その2)

Windowsの64bit版を利用している場合、警告ダイアログが表示されます。そのまま「OK」ボタンをクリックします❶。

❶ クリックする

0-1 XAMPPのインストール 11

5 セットアップの初期画面

セットアップを開始する画面が出ますので「Next」ボタンを押します1。

6 コンポーネントを選択する

インストールするコンポーネントを選択します。最初にすべてにチェックが付いていますが、本書で必要な「Apache」1、「MySQL」2、「PHP」3、「phpMyAdmin」4だけチェックを残して、「Next」ボタンをクリックします5。

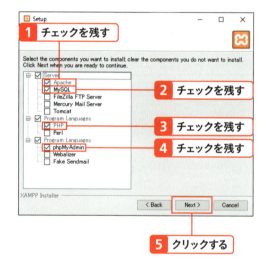

7 インストール先のフォルダを指定する

インストール先を指定します。そのままで構いませんので「Next」ボタンを押します1。

8 追加アプリケーションを確認する

Bitnamiのソフトウェアを追加するかどうかを確認します。チェックを外して①から、「Next」ボタンをクリックします②。

9 インストールを開始する

「Next」ボタンをクリックすると①、インストールが開始します。

10 インストールが完了する

インストールが完了すると、XAMPPのコントロールパネルを開くかどうかの確認があります。チェックを付けたまま①、「Finish」ボタンをクリックします②。

11 言語を選択する

コントロールパネルの言語表記を選択します。「英語」を選択して①、「Save」ボタンをクリックすると②、コントロールパネルが開きます。

12 ソフトウェアを起動する

本書で使用するApache（Webサーバ）とMySQLを起動します。それらの行にある「Start」ボタンをクリックします①。

>>> Tips

XAMPPに含まれるデータベースソフトウェアはMariaDBですが、2017年現在コントロールパネルでの表記は、その派生元であるMySQLとなっています。

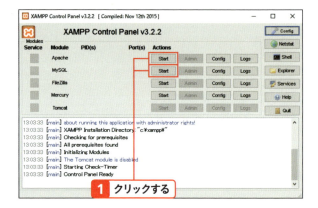

13 サーバの動作を確認する

ソフトウェアが正常に起動しているかどうかをWebブラウザで確認します。WebブラウザのURL入力欄に「http://localhost」と入力して①、XAMPPのWebページが表示されれば、ソフトウェアは正しく起動しています。

>>> Tips

コントロールパネルを起動するには、Windowsのスタートメニューの「XAMPP Cotrol Panel」を選択します。

COLUMN　XAMPP Control Panelの使い方

XAMPP Control Panelは、XAMPPに含まれるソフトウェアの起動・停止、設定などを行うツールです。XAMPPをインストールした際、一緒にPCに入っています。
通常、このXAMPP Control Panelは、ソフトウェアの起動・停止の際に使用します。
ソフトウェアを起動する場合はP.14の⑫、ソフトウェアを停止する場合は、コントロールパネルで「Stop」ボタンをクリックします❶。

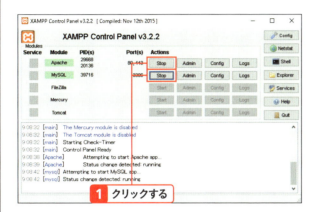

また、本書のように使用するソフトウェアがApacheとMySQL（MariaDB）と決まっている場合は、XAMPP Control Panelの起動時に、それらを自動起動するように設定できます。
先ほどのXAMPP Control Panel画面の右上にある「Config」をクリックすると、「Configuration of Control Panel」画面が開きます。この画面にある「Autostart of modules」で「Apache」と「MySQL」にチェックを入れ❶、「Save」をクリックします❷。すると、次回以降XAMPP Control Panelを起動したときに、ApacheとMySQL（MariaDB）も自動で起動しています。

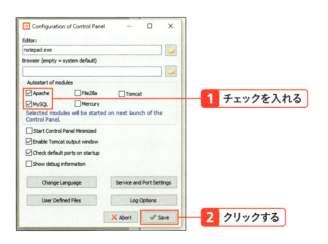

第 0 章 本書で使用するソフトウェアのインストール

2 Atomのインストール

完成ファイル｜なし

プログラミングをするとき、ほとんどの場合はキーボードを使って文字を入力し、プログラムを書いていきます。コンピュータで文字を入力したり、そのファイルを保存して管理するには、**テキストエディタ**と呼ばれるソフトウェアが必要となります。

テキストエディタには、さまざまな種類があります。例えば、小説などの文章を編集するのに向いているテキストエディタもあれば、本書で勉強するプログラムを編集するのに向いているテキストエディタもあります。

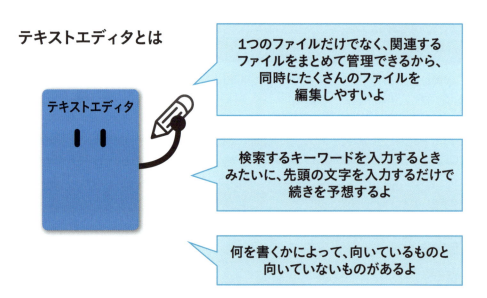

テキストエディタとは

- 1つのファイルだけでなく、関連するファイルをまとめて管理できるから、同時にたくさんのファイルを編集しやすいよ
- 検索するキーワードを入力するときみたいに、先頭の文字を入力するだけで続きを予想するよ
- 何を書くかによって、向いているものと向いていないものがあるよ

Windowsに元々入っている「メモ帳」というテキストエディタでも、プログラムを記述できます。ただし、入力のしやすさや文字コードなどを考慮した場合、別のテキストエディタを利用したほうが良いでしょう。

本書では、Atom（アトム）というフリーのテキストエディタを利用します。Atomには多くの機能がありますが、本書で学習する範囲では、ファイル作成や保存などの基本的な機能が利用できれば問題ありません。

1 インストールファイルのダウンロード

AtomのWebサイト（https://atom.io/）にアクセスし、「Download」で始まるボタンをクリックします❶。ここでは、ご自身のPCに合わせたインストーラが表示されています。

> **>>> Tips**
>
> ご自身のPCと異なる環境のインストーラをダウンロードする場合は、ボタンの下の「Other Platforms」で選択してください。

2 インストーラを実行する

ダウンロードしたインストーラをダブルクリックするとインストールが開始します。完了したらAtomのウエルカム画面が表示されます。次回の起動時から表示しないように「Show Welcome Guide when opening Atom」のチェックを外します❶。

3 メニューを日本語化する（その1）

インストール当初はメニューが英語であるため、日本語に変更します。「File」メニューから「Settings」を選択します❶。

0-2 Atomのインストール

4 メニューを日本語化する（その2）

「Settings」のタブが開きますので、その中にある「Install」を選択します❶。次に文字入力欄に「japanese-menu」と入力して❷、「Packages」ボタンをクリックすると❸、「japanese-menu x.x.x」というパッケージが表示されますので、「Install」ボタンをクリックします❹。

5 日本語化が完了する

日本語化パッケージのインストールが完了すると、メニューが日本語化されています。

COLUMN Atomのパッケージ機能

本書で使用するAtomは、GitHub社が開発しているテキストエディタです。2015年6月に正式リリースされました。

Atomの大きな特徴としてパッケージによる拡張機能があります。いろいろな機能がパッケージとして用意されており、利用者が使いたい機能を簡単に導入できます。

❹で導入した「japanese-menu x.x.x」もパッケージの1つです。そのほかにも以下のようなパッケージがあります。Atomの使い方に慣れてきたころに自分に合ったパッケージを探して、カスタマイズするのも良いでしょう。

・**tag**
HTMLの閉じタグを自動で挿入してくれる
・**atom-beautify**
プログラムを自動で整形してくれる
・**highlight-selected**
プログラム内にある同じ単語をハイライト表示してくれる

PHPの基本知識

1-1　プログラムとは

1-2　PHPとは

1-3　HTMLとは

1-4　開発環境の確認

1-5　PHPの基本文法

第1章　練習問題

第1章 PHPの基本知識

1 プログラムとは

完成ファイル | なし

予習 プログラムとは

私たちが言葉によって誰かに何かを伝えるように、人間がコンピュータにやってほしいことを伝える手段の1つが**プログラム**です。

プログラムにはたくさんの種類があり、得意・不得意なこともプログラムによってばらばらです。また、プログラムによってはどのコンピュータでも動くものもあれば、特定のアプリケーションでなければ動かないプログラムも存在します。

プログラムを書くことを**プログラミング**と呼びます。プログラミングは、テキストエディタなどのツールを使って行います。

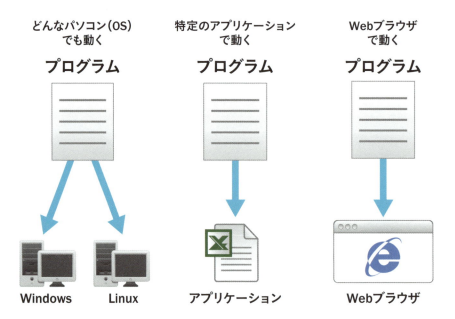

理解 プログラムが動作するしくみ

>>> コンパイル

人間が書いたプログラムをコンピュータが実行するには、**コンパイル**と呼ばれる作業が必要です。

コンパイルとは、プログラムをコンピュータが理解できる言葉に変換を行う作業です。コンパイル作業をコンピュータが自動で行ってくれる場合もあれば、手動でコンパイルを行わなくてはいけない場合もあります。

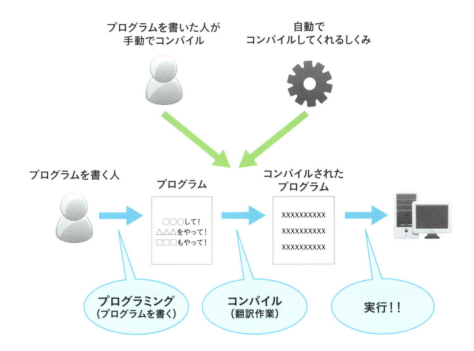

>>> プログラム動作のパターン

プログラムの動作には以下の3つのパターンが存在します。

① 順次　基本的には書いた順番通りに実行する

② 分岐　「降水確率が60%以上であれば傘を持っていく、そうでなければ傘を持たない」のように特定の条件によって違う内容を実行する

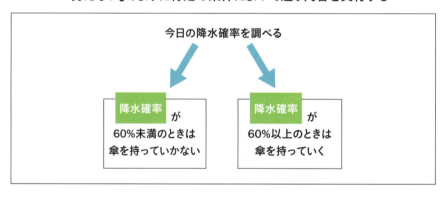

③ 繰り返し　「腹筋を100回行う」など、似たような内容を何度も実行する

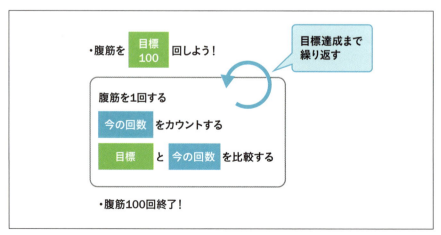

プログラムは基本的にこの3パターンの組み合わせによって成り立ちます。
このパターンをプログラムで表現するには、たとえば、英語における文法と同じような**基本文法**がプログラムにもあります。

>>> 関数

基本文法以外に便利なものとして**関数**と呼ばれるものがあります。関数とはあらかじめ用意された、プログラム内で利用できる便利な道具です。
何かプログラムを使って実現したい目的があった場合に、1から全部を書くというのは勉強にはなりますが、効率的ではありません。
道具である関数の使い方を覚えておけば、素手ではなくハサミや糊を使って工作をするように、効率良くプログラムを作ることが可能です。

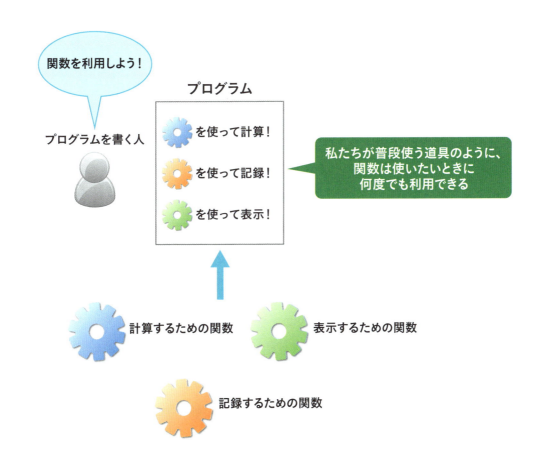

プログラムを学んでいくときには、実際にプログラムを書いていきながら、基本文法と関数の使い方を理解するようにしましょう。

第1章 PHPの基本知識

2 PHPとは

完成ファイル | なし

予習 PHPとは

PHPはプログラミング言語の中でも比較的簡単に書くことができる**スクリプト言語**の１つです。

プログラミング言語によっては、ルールが複雑でコンパイルも手動で行わなければならないものがあるのに対し、スクリプト言語は比較的ルールが簡易で、コンパイルも自動で行われます。

PHPは1995年の誕生から、2017年現在もバージョンアップし続けている言語です（2017年6月現在、最新バージョンはPHP 7.1.6）。

バージョンアップの際には、使い勝手の良い関数が追加されたり、逆にあまり使われなくなった関数が使用できなくなるなどの変更が行われています。また、このとき新しい基本文法が追加されることもあります。このように定期的にプログラミング言語がバージョンアップされていることは、それだけたくさんの人から利用されている証と言えます。

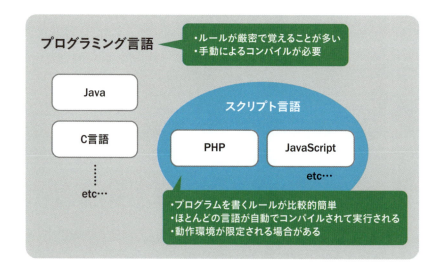

理解 PHPでできること

PHPという名前の由来である「PHP：Hypertext Preprocessor（ピー・エイチ・ピー ハイパーテキスト プリプロセッサー）」には、「Webページを構成するHTML（Hypertext）」を「作り出す（Preprocessor）」という、PHPができることの1つが表されています。

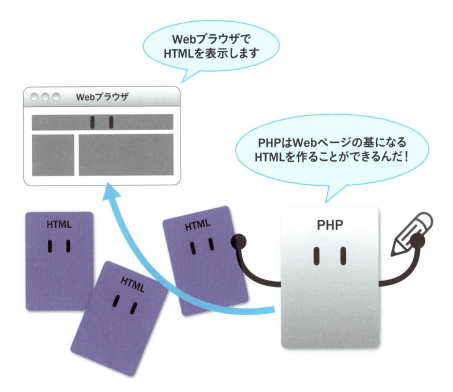

COLUMN 軽量プログラミング言語

先ほどPHPはスクリプト言語の1つだと説明しましたが、軽量プログラミング言語（Lightweight Language、LL）と呼ばれることもあります。軽量プログラミング言語とは、学習しやすく、比較的利用のハードルが低い言語のことです。PHPやJavaScriptのほかに、Python、Ruby、VBScriptなど、非常に多くの種類があります。

PHPが比較的簡単に書くことができるといっても、多くのユーザが利用する大規模なシステムを最初から作れるわけではありません。内容によって難易度は当然変わってきますが、PHPだけでもさまざまなことが実現できます。

- いろいろな計算
- インターネットを使ったデータのやりとり
- さまざまな情報の管理

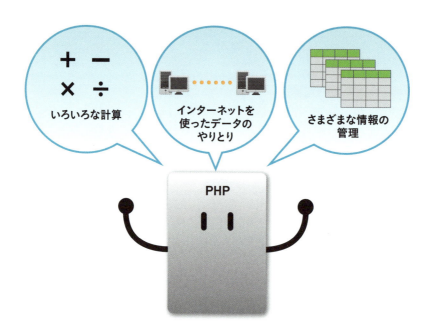

ただし、ブログや検索サイト・SNS（Social Networking Service）など、**Webアプリケーション**を作る際には、Webサーバやデータベースなどと連携することは欠かせません。

>>> PHPとHTMLの関係

PHPで作成されたHTMLファイルを荷物だとすると、Webサーバは荷物を届けるために利用する宅配業者や郵便局の役割、データベースはさまざまなものを格納しておく倉庫の役割と考えるとわかりやすいでしょう。

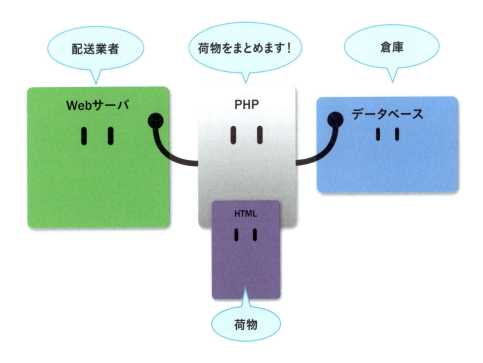

PHPは荷物をまとめる（HTMLを作る）役割を担うため、Webサーバ（配送業者）とのやり取りが特に多くなります。そのため、PHPは**サーバサイドスクリプト**（Webサーバ上で動くスクリプト言語）とも呼ばれます。

PHPを学習するときには、Webサーバやデータベースの基本も一緒に学ぶことで、Webアプリケーション全体のイメージもしやすくなります。一度にたくさんのアプリケーションが出てきますが、初めはPHPと一緒に働く裏方がいることを知っておくだけで構いません。興味に合わせて知識を広げていきましょう。

以上のように、Webアプリケーションは、PHPといったプログラムだけではなくさまざまなアプリケーションや技術が組み合わされて構成されています。

>>> PHPと関連するアプリケーション

以下の表はPHPとよく一緒に利用されるアプリケーションです。初学者の勉強用にコストをかけずにフリー（無償）で入手できるものがたくさんあります。

アプリケーション	説明
Webサーバ	作成したWebアプリケーションをインターネット上で公開するために利用するソフトウェアです。Apache（アパッチ）、Nginx（エンジンエックス）などの種類があります。
データベース	大量のデータを効率良く管理するためのアプリケーションです。MariaDB（マリアディービー）、MySQL（マイエスキューエル）などの種類があります。プログラムからデータの検索や登録を行う際に利用されます。
Webブラウザ	インターネットを通じて、さまざまな情報を閲覧するためのアプリケーションです。Internet ExplorerやMicrosoft Edge、Google ChromeにFirefoxなどの種類があります。実際にやり取りするデータはHTMLなどの形式で書かれていますが、Webブラウザはそれらを誰でも見やすい形に変換して表示する役割を持っています。

COLUMN　XAMPPのメリット

本書で使用するXAMPP（ザンプ）は、いろいろなソフトウェアを集めたものです。それぞれのソフトウェアを用意するよりも、XAMPPを使ったほうがいろいろなメリットがあります。

・ソフトウェアごとの設定が不要
各ソフトウェアをそれぞれインストールした場合は、ソフトウェアごとの必要な機能の読み込みなど、個別の設定や調整が必要になります。XAMPPでは、その設定はすでに行われているため、インストールした状態ですぐに利用できます。

・コントロールパネルによる操作が可能
各ソフトウェアの基本的な操作を行えるコントロールパネルというしくみが用意されており、初心者にとって扱いやすいソフトウェアです。

・アンインストールが簡単
各ソフトウェアをそれぞれインストールした場合は、アンインストールも別々になりますが、XAMPPの場合は、インストールフォルダ内（Windows環境の初期設定ではc:\xampp）にあるuninstall.exeを実行するだけで行えます。

⋙ PHPと関連が深い技術

Webアプリケーションを作る際は、Webサーバなどのアプリケーション以外にもさまざまな技術が必要です。PHPと同様に、それぞれの技術が得意な分野を持っています。
これからPHPのプログラミングを学んでいきますが、PHPに関係の深い技術がどのような役割を持っているかを簡単に知っておきましょう。
以下の技術は、書いたりするだけであれば何かをインストールする必要ありませんが、動作する場所（アプリケーション）が限られている点を押さえておくと良いでしょう。

技術	説明
HTML（エイチティーエムエル）	Webページの構成を決めるために必要な技術です。普段私たちが利用する言葉を機械が理解できるようにマークアップ（意味付け）していくことで、情報を整理して記述できます。HTMLを解析してWebブラウザが文字情報を画面に表示します。
CSS（シーエスエス）	Webページのレイアウトや見た目に関する装飾を実現する技術です。HTMLと組み合わせることで、より見やすいWebページを表現できます。HTML同様、Webブラウザが解析して画面に反映させます。
SQL（エスキューエル）	データベースアプリケーションに命令を行う言語です。ほとんどのSQLはさまざまなデータベースアプリケーションに対して共通して利用できます。
JavaScript（ジャバスクリプト）	主にWebブラウザで動くスクリプト言語です。Webページにユーザの操作に合わせて動きをつけるなどの処理を可能にします。

まとめ

- プログラムには順次・分岐・繰り返しの3つのパターンがあり、それぞれを組み合わせることができる
- PHPはスクリプト言語と呼ばれる、簡易プログラミング言語の1つである。Webサーバやデータベースと連携して、Webアプリケーションの作成ができる
- WebアプリケーションではPHP以外にもHTML、CSS、SQL、JavaScriptなどの技術が利用されている

HTMLとは

完成ファイル | [php] → [0103] → [index_comp.html]

HTMLでできること

WebページはHTMLを書くことによって作成できます。HTMLでは、ルールに沿ってタグを利用して記述し、文章や画像をWebブラウザに表示させます。

作成したHTMLファイルの拡張子を「.html」として保存します。Webブラウザは通訳のようにHTMLのタグを翻訳して、私たちがわかりやすいWebページという形式で表示してくれます。

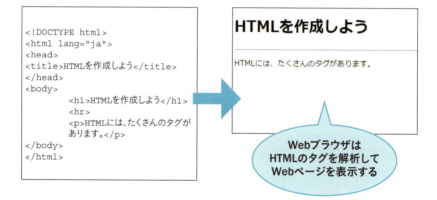

体験 HTMLを作成しよう

1 利用するファイルを確認する

ダウンロードした「php」フォルダ内の「0103」フォルダに、「index.html」「index_comp.html」「othertags.html」があることを確認してください。なお、「index_comp.html」は完成済のファイルです。

2 エディタでファイルを開く

エディタで「ファイル」メニューから「開く」を選択し、「php」フォルダ内の「0103」フォルダにある「index.html」を開いてください。ファイル内には、すでに必要なHTMLのコードの一部が記述されています。15行目の「ここから」から16行目の「ここまで」の間に書いていきましょう。

3 見出しタグとリンクタグを記述する

開始タグと終了タグに注意して2つのタグを記述しましょう**1**。<h4>タグは見出しタグと呼ばれ、文字を目立たせるためのタグです。<a>タグは、別のページとリンクさせるためのタグになります。タグには属性と呼ばれる情報を追加することが可能です。<a>タグにはhref属性としてリンクの宛先を指定しています。

1 入力する

```
16: <h4>リンク</h4>
17: <a href="othertags.html">HTMLのその他のタグ</a>
```

1-3 **HTMLとは** 31

4 罫線タグとフォームタグを記述する

❸で記述したタグに続いて、テキストボックスと送信ボタンを表示するタグを記述しましょう❶。タグが入れ子になっていることに注意して記述してください。

<hr>は罫線を表示するタグです。<form>タグや<input>タグを使って、好きなものを入力するためのテキストボックスと送信ボタンを表示させます。<label>タグはテキストボックスに何を入力するかの項目名を表すタグです。

❶ 入力する

```
19:    <h4>フォーム</h4>
20:    <form action="" method="post">
21:        <label>好きなもの</label>
22:        <input type="text" class="form-control" name="favorite">
23:        <input type="submit" class="btn" value="送信">
```

5 ファイルを保存する

「ファイル」メニューから「保存」を選択します。ショートカットでは [Ctrl]+[S] で保存(名前を付けるか上書き)になります。

6 ファイルをWebブラウザで開く

保存した「index.html」ファイルのアイコンをダブルクリック、右クリックから「開く」あるいはブラウザソフトを起動してファイルを選択すると、ファイルが開きます。なお、この送信ボタンを押しても入力値は送信されません。

>>> **Tips**

Webサーバにファイルを置くことをアップロードと呼びます。

COLUMN　Webブラウザの種類

本書でWebページを表示する際に使用しているWebブラウザは、Internet Explorer 11です。このWebブラウザ以外にもさまざまな種類があります。それぞれ特徴がありますので、ご自分にあったWebブラウザを探してみてください。

Webブラウザ	説明
Internet Explorer（インターネットエクスプローラー）	Microsoft社が1995年にリリースしたフリーのWebブラウザです。長年WebブラウザのシェアNo.1を守っていましたが、2012年ごろGoogle Chromeにシェア1位の座を明け渡しました。Windows 10から標準のWebブラウザがEdgeに変わりましたが、今でも幅広く利用されているWebブラウザです。
Firefox（ファイアフォックス）	Mozilla Foundationが提供するフリーのWebブラウザです。アドオンと呼ばれる追加機能によってブラウザ機能だけではなく、さまざまな機能を自由に追加し、カスタマイズすることが可能です。
Google Chrome（グーグル クロム）	Google社が提供するフリーのWebブラウザです。Firefoxと同様に追加機能によってカスタマイズも可能です。また、Webブラウザのデザイン（見た目）をテーマで変更できます。
Microsoft Edge（マイクロソフト エッジ）	Windows 10から標準でインストールされるようになったWebブラウザです。Internet Explorerに代わるソフトウェアとして、Webページの表示速度や起動速度が改善されています。
Safari（サファリ）	Apple社が開発しているフリーのWebブラウザです。macOSの標準Webブラウザになっており、主にmacOSの利用者に根強い人気があります。以前はWindows版もリリースされていましたが、2015年に開発を中止しています。

理解 HTMLとCSSの関係

今回、保存したHTMLファイルをアイコンから開きました。これはあくまでローカル（自分のPC）に保存したファイルをWebブラウザで開いただけです。ネットワークを通じて閲覧する方法については次項で解説します。作成したファイルに登場するタグについて確認していきましょう。

》》》 コメント

HTMLでは以下の部分を**コメント**と呼びます。Webブラウザで表示する場合は、Webページには表示されない部分です。

```
<!-- ここから -->
```

》》》 見出しタグ

`<h4>`タグは見出しを指定する場合に利用します。見出しの大きさに合わせて`<h1>`から`<h6>`までのタグがあります。

```
<h4>リンク</h4>
```

》》》 リンクタグ

リンクを作成する場合は`<a>`タグを使用します。

```
<a href="othertags.html">HTMLのその他のタグ</a>
```

タグには**属性**と呼ばれる情報を追加することが可能です。`<a>`タグには、href属性としてリンクの宛先を属性値（「""」で囲まれた部分）として指定します。リンク先のHTMLファイルには、ここで紹介していないタグを利用しています。

>>> フォームタグ

入力フォームを作成するには、以下のように <form> タグが必要です。

```
<form action="送信先" method="送信方法"> ... </form>
```

action 属性には送信先を指定します。[体験]での HTML ファイルでは空でしたが、入力された値を処理したい場合などにはここに PHP プログラムを宛先として指定します。
method 属性には送信方法を指定します。get と post という 2 つの値が指定可能です。それぞれの違いについては後ほど紹介します。
<form> タグに囲まれる形で入力用のテキストボックスを配置します。

```
<input type="text" class="form-control" name="favorite">
<input type="submit" class="btn" value="送信">
```

<input> タグは他にも種類があり、type 属性によって種類を指定します。

COLUMN　HTML5 と CSS3

HTML と CSS には、バージョンが存在します。HTML5 と CSS3 はそれらの最新バージョンです。言語はバージョンが新しくなるにつれて、それまでできなかった表現や書き方が追加されていきます。例えば、HTML5 ではレスポンシブデザイン (P.37) に対応するようになりました。
ただし、古い Web ブラウザでは、HTML5 や CSS3 で記述されたプログラムを実行しても正しく表示されないことがありますので注意してください。

言語	説明
HTML5	HTML のバージョン 5 は 2014 年に発表されました。タグによる文章構成の表現だけではなく、JavaScript と組み合わせることによって、比較的簡単に動きがあるページを作成することが可能です。
CSS3	2011 年に登場した CSS の最新バージョンです。それまでの CSS の書き方はそのまま使うことができ、さらに新しい表現や記法を追加されています。HTML5 とセットで紹介されることが多いのですが、必ずセットで利用しないといけないわけではありません。

種類	説明
text	テキストボックス
submit	送信ボタン
radio	ラジオボタン
checkbox	チェックボックス

name属性には任意の名前を指定します。name属性に指定した名前によって、ユーザがどこに入力したかの判定を行う材料とします。

>>> CSSとは

class属性にはCSS（カスケーディングスタイルシート）と呼ばれる、見た目やレイアウトを調整するための名前を指定します。凝ったレイアウトを実現するにはCSSが欠かせません。今回作成したHTMLファイルにCSSを適用した場合と、適用しなかった場合の比較は以下のようになります。

CSS適用あり

CSS適用なし

CSSの基本的な書き方は以下の通りです。例えば、HTMLの<h4>タグに対して、文字の大きさと色を指定したい場合は、以下のように記述します。

```
h4 {
    font-size: 12px;
    color: #ff0000;
}
```

「font-size」はフォント（文字）の大きさを指定するキーワードです。「:」（コロン）の後にある「12px（ピクセル）」によって、大きさを指定できます。
「color」は文字色を指定するキーワードです。「#ff0000」はカラーコードと呼ばれる、Webサイト上で利用可能な色を表現する記述方法です。「#」を先頭に2桁ずつR（赤）、G（緑）、B（青）の強さを16進数で表します。「#ff0000」は赤を示します。
CSSではHTMLのタグだけではなく、タグが持っているclass属性、id属性に対しても同様に指定できます。それによって、レイアウトや見た目の調整したい個所を限定することも可能です。

- **id属性のケース**

```
<p id="topic">idは1つのHTML内に1ヵ所のみ指定できます。</p>
```

特定のidに対してCSSを指定する場合は以下のように記述します。

```
#topic {
    color: #ff0000;
}
```

📢 COLUMN　レスポンシブデザイン

PCで利用するWebブラウザだけではなく、スマートフォンやタブレットなど画面サイズが違う機器から同じWebアプリケーションを利用することは多々あります。
それぞれの画面サイズに対応できているデザインをレスポンシブデザインと呼びます。自動的に別々のCSSを画面サイズごとに切り替えることで、それぞれの見せ方を表現します。

- class属性のケース

```
<p class="contents">classは1つのHTML内に複数指定できます。</p>
<p class="contents">classは1つのHTML内に複数指定できます。</p>
```

特定のclassに対してCSSを指定する場合は以下のように記述します。

```
.contents {
    color: #ff0000;
}
```

CSSを利用するにはHTMLにCSSを記述するか、HTMLに他で作成したCSSファイル（拡張子が.cssのファイル）を読み込む方法があります。

CSSを読み込む場合

```
<head>
        <meta charset="UTF-8" >
        <title>HTMLを作成しよう</title>
        <link rel="stylesheet" href="../css/skyblue.css">
</head>
```

linkタグを使用してCSSファイルを読み込みます。

CSSを直接HTML内に記述する場合

```
<style type="text/css">
h4 {
        font-size: 12px;
        color: #ff0000;
}
</style>
<h3 style="font-size: 20px">タグに直接CSSを書くこともできます！</h3>
```

styleタグはHTML内の任意の個所にCSSを記述することができます。

style属性はタグに直接、CSSを適用させることができます。

CSSでは、この他にもたくさんのキーワードによって、さまざまな見た目やレイアウトを指定することが可能です。

CSSを書くにはそのための知識は必要ですが、CSSフレームワークを利用すると手軽に、レスポンシブでデザイン性の高いレイアウトや見た目を取り入れることが可能です。

CSSフレームワークとは、あらかじめ統一されたデザインで作成されたCSSファイルのことです。実際にはCSS以外にも画像などのファイルが含まれている場合があります。

本書のサンプルプログラムでは「SkyBlue CSS Framework」（`https://stanko.github.io/skyblue/`）というフリーのCSSファイルを利用しています。

個人・商用に限らず、フリーで利用可能なライセンスのCSSフレームワークはたくさんあります。練習用などでWebアプリケーションを作成したい場合の手助けとなるでしょう。

COLUMN　ライセンス

オープンソースと呼ばれるインターネット上でフリーで利用可能なアプリケーションには、ライセンス（利用方法における約束ごと）が指定されています。MITやApache、GPLなどのライセンスが存在しますが、商用利用や配布方法によって守るべき事項が変わりますので注意が必要です。

まとめ

- **HTMLはタグによって、Webページの構成を作ることができる**
- **CSSはHTMLで構成されたWebページに、デザイン性の高い見た目やレイアウトを指定できる**

第1章 PHPの基本知識

4 開発環境の確認

完成ファイル│なし

 予習 サーバとクライアントの関係

Webサーバは、HTMLに限らず画像やCSS、音声や動画など、さまざまなサービスをネットワークを通して提供する**サーバ**です。

Webサーバからサービスを提供される側を**クライアント**と呼びます。クライアントは一方的にサービスを受けるわけではなく、基本的にはWebサーバに要求を出して、返信を待ちます。

クライアントは人ではなくWebブラウザです。**リクエスト**（要求）することで**レスポンス**（応答）がWebブラウザに返ってきます。レスポンスに含まれるデータがHTMLである場合、それをWebブラウザが私たちが認識できる見た目に整えてくれます。

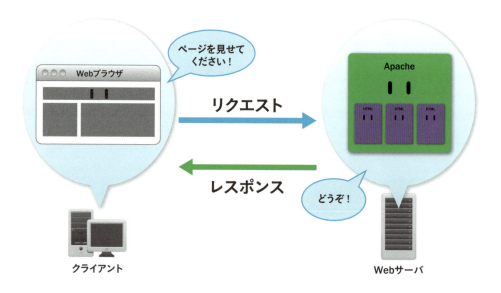

体験 サーバを起動してHTMLファイルを配置しよう

1 公開フォルダ（ドキュメントルート）にファイルを配置する

インストールしたXAMPPに入っているApacheの公開フォルダに、ダウンロードした「php」フォルダを配置します 1 。この公開フォルダに置かれたファイルがローカルネットワーク（自宅などの限られたネットワーク）上に公開され、Webブラウザから閲覧できる状態になります。

公開フォルダの場所は「XAMPPをインストールしたフォルダ¥htdocs」です。ここに「php」フォルダをコピー&ペーストします。

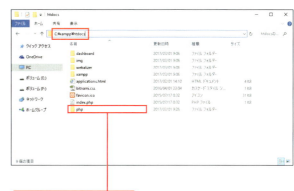

1 コピー&ペーストする

2 Apacheを起動する

Windowsのスタートボタンから「XAMPP」を選択してから、「XAMPP Control Panel」を選択してXAMPPコントロールパネルを起動します。その中にあるApacheの「Start」ボタンをクリックして 1 、Apacheを起動します。

>>> Tips

本書ではXAMPPのうち、9章まではApacheのみ、10章はApacheとMySQL（MariaDB）を利用します。

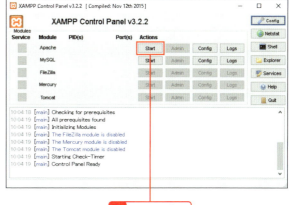

1 クリックする

3 Webブラウザから確認する

「http://localhost/php/0104/index.html」をWebブラウザのURLに指定してWebサーバにアクセスします 1 。「localhost」は自分が使用しているPCです。「php/0104/index.html」は配置したフォルダ構成とファイル名を示しています。つまり、「http://localhost」が公開フォルダ「htdocs」を表していると考えてください。

1 「http://localhost/php/0104/index.html」と入力する

4 HTMLファイルを開く

公開フォルダ「htdocs」に配置したファイルの「php¥0104¥index.html」を一部編集しましょう。まずエディタの「ファイル」メニューから「フォルダを開く」を選択して、公開フォルダ内の「php/0104/index.html」を開きます。Apacheの公開フォルダにある「XAMPPをインストールしたフォルダ¥htdocs¥php」を選択して、「フォルダーの選択」をクリックします。

すでに開いているエディタウィンドウとは別に、新規のウィンドウが開いた場合は、古いウィンドウは閉じてかまいません。右上の「×」ボタンでウィンドウを閉じてください。

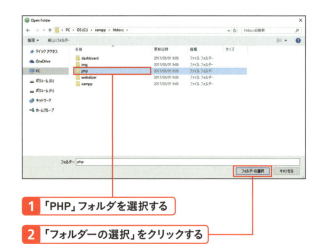

1 「PHP」フォルダを選択する
2 「フォルダーの選択」をクリックする

COLUMN エディタ（Atom）が見つからない場合

本書で使用するエディタ（Atom）は、通常スタートボタンをクリックしてメニューから選びます。もし見つからない場合は、スタートボタン横にある検索ボックスに「atom」と入力して、検索結果から開いてください。検索結果に出てこない場合は、正しくインストールされていない可能性があります。

「atom」と入力

5 ファイルを一部更新する

編集する「php¥0104¥index.html」を、エディタの左側にあるツリービューから選択します。開いた「index.html」の「好きなもの」を「嫌いなもの」に編集しましょう。編集後は上書き保存してください。「ファイル」メニューの「保存」を選択するか、[Ctrl]+[S]で上書き保存ができます。

>>> **Tips**

各章の「体験」では、今回のようにエディタのツリービューから任意のファイルを選択して編集します。エディタをいったん閉じても、再びエディタを開いたときは、ツリービューは同じ状態になっています。

1 ツリービューから「index.html」を選択する　**2** 「好きなもの」を「嫌いなもの」に変更する

6 Webブラウザを更新する

再び「http://localhost/php/0104/index.html」をWebブラウザのURLに指定してアクセスします。最初から表示したままの場合は、[F5]をクリックし、Webブラウザでファイルを再読込み(更新)してください。

>>> **Tips**

HTMLファイル更新後は、Webブラウザ側でも更新が必要であることを覚えておきましょう。

「好きなもの」が「嫌いなもの」に変更されている

1-4 開発環境の確認

Webブラウザからのアクセス

Apacheにデフォルトで設定された公開フォルダ（htdocs）にindex.htmlを配置した場合、WebブラウザからこのファイルにアクセスするためのURLは以下の通りです。

```
http://localhost/php/0104/index.html
```

なお、以下のようにindex.htmlを省略した形で指定しても同じページが表示されます。

```
http://localhost/php/0104/
```

これはindex.htmlがファイル名を省略した場合に自動的に表示されるウェルカムページであるためです。
`http://localhost`にある、「http://」はネットワークを通してHTMLをやり取りする際、URLの先頭に付けるキーワードです。「localhost」は自分自身のコンピュータを指します。`http://localhost`を公開フォルダとして、「/」（スラッシュ）で区切ることによって、その中にあるフォルダやファイルにアクセスできます。

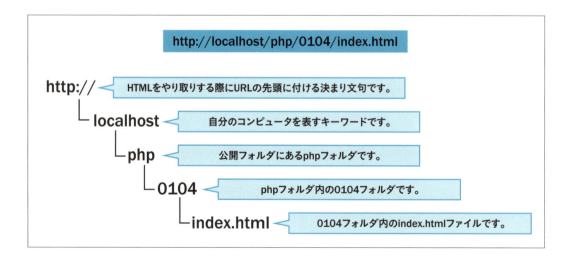

COLUMN　本書で利用するアプリケーション

Webアプリケーションを動作させるために必要なアプリケーションを確認していきましょう。役割ごとにさまざまな種類がありますが、本書では以下のアプリケーションを利用していきます。

ソフトウェア	説明
Apache（アパッチ）	オープンソースのWebサーバです。学習用だけでなく、商用でも幅広く利用されているソフトウェアです。Apacheが管理する公開フォルダにファイルを置くことでWebブラウザからアクセスが可能になります。
MariaDB（マリアディービー）	MySQL（マイエスキューエル）というデータベースアプリケーションから派生したアプリケーションです。PHPとの連携もしやすく、ここ数年急速にシェアを伸ばしています。

学習環境のApacheは、インターネットを介して外部にファイルを公開する場合を考慮した設定になっていません。学習用プログラムファイルをレンタルサーバなどに配置することは、セキュリティ上問題が発生する可能性があります。本書での学習に限らず、学習用プログラムは、ローカル環境で動作させるようにしましょう。

まとめ

- HTMLファイルをWebサーバで動作させるには、公開フォルダと呼ばれる場所に保管する
- ブラウザからローカル環境にあるWebサーバへアクセスするには、通常「http://localhost/公開フォルダへのパス」と指定する

第1章 PHPの基本知識

5 PHPの基本文法

完成ファイル | 📁[php] → 📁[0105] → 📄[index_comp.php]

予習 プログラムを書く前に知っておくこと

PHPに限らず、プログラムの基本文法やキーワードは**半角英数字**で記述します。
PHPはそれだけで書くことはできますが、HTMLと一緒に記述することも可能です。どちらの場合も、以下のPHPタグでプログラムを囲む必要があります。

```
<?php ［ここにプログラムを書く］ ?>
```

ファイル内がPHPプログラムのみの場合は、PHPタグは終了タグ（「?>」）を省略できます。
HTMLと混在してPHPを書く場合は、省略せずに終了タグを書くようにしましょう。
また、PHPプログラムを記述したファイルの拡張子は「**.php**」です。ファイル名には日本語は使用せず、「index.php」のように半角英数字でファイル名を指定しましょう。
PHPのプログラム内では以下の括弧を使い分けます。

```
()
[]
{}
```

体験 プログラムを書いてみよう

1 エディタでファイルを開く

エディタを開いて、ツリービューの「php」フォルダの下にある「0105」フォルダにある「index.php」を開きます❶。必要な部分の一部はすでに記述されています。「<!-- ここから -->」～「<!-- ここまで -->」の間にプログラムを記述していきましょう。

❶「index.php」を開く　ここがプログラムを記述するところ

2 プログラムを記述する

「<!-- ここから -->」～「<!-- ここまで -->」に記述するプログラムは4行です。この中でまず「<?php ?>」と書いてみましょう❶。まずPHPのタグを書いてから、プログラムの内容を書くことで、書き漏れを防ぐことができます。

「//」で始まる個所をコメントと呼び、この行はプログラムとして実行されません。次の行で「echo」という命令文を利用して、「PHPで始めるプログラミング！」を表示させています。命令文の最後には「;」(セミコロン)を書いてください。

❶ 入力する

```
10:  <?php
11:  // 1行だけのプログラム
12:  echo "PHPで始めるプログラミング！";
13:  ?>
```

> **>>> Tips**
> 「PHPで始めるプログラミング！」のような、プログラム中の命令と関係ない文字列の前後は「""」(ダブルクォーテーション)で囲みます。

3 Webブラウザで確認する

WebブラウザのURLに「http://localhost/php/0105/index.php」を指定してWebページにアクセスしてみましょう。

「PHPで始めるプログラミング！」と表示される

1-5 PHPの基本文法

プログラムの実行イメージ

>>> 処理のまとまり

PHPのプログラムは、先頭行から下に向かって順番に実行されるのが基本です。今回のプログラムは1行のみでしたが、複数行の命令が書かれている場合は、プログラムの最後に付ける「**;**」**（セミコロン）** を区切りとして、上から順番に処理が実行されます。

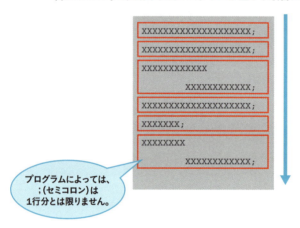

;(セミコロン)で区切られたプログラムが上から順番に実行される

プログラムによっては、;(セミコロン)は1行分とは限りません。

はじめのうちは、「;」(セミコロン) による区切りがどこにあるかを把握してみてください。

>>> コメント

以下の行は**コメント**と呼ばれ、プログラムの命令ではなく実行時には無視されます。

> // 1行だけのコメント

「**//**」の後ろに書いた文字はすべてプログラムとしては認識されず、プログラムファイルの実行時には無視されます。
コメントの記述方法には、先ほどのように1行のみのコメントと、以下のように「**/***」と「***/**」で囲んで、複数行をひとかたまりのコメントとする記述方法があります。

```
/*
複数行のコメント
複数行のコメント
*/
```

コメントはプログラムの処理内容を文章で記述する際や、実行したくないプログラムをコメントにするときに利用します。
例えば、以下のプログラムの場合、2行目はコメントになっているため、プログラムとしては実行されません。

```
echo "PHPで始めるプログラミング！";
// echo "PHPで始めるプログラミング！";
echo "PHPで始めるプログラミング！";
```

コメントの使いどころはさまざまです。以下のように、どの個所をどのような目的で編集したかなどを記録しておくと良いかもしれません。

```
// 2017/07/01 記述が間違っていたため編集
// echo "PHPで初めるプログラミング！";
echo "PHPで始めるプログラミング！";
```

コメントが多くなりすぎると、プログラムとして見づらくなってしまいます。ただ、文章と同様にあとからプログラムを見返した際、どうしてそのような変更を行ったのかなどが振り返りやすくなります。
PHPに慣れるまでは、意識してコメントを残すようにしてみましょう。

>>> 処理の内容

以下の命令文によって「"PHPで始めるプログラミング！"」がHTML内に書き込まれます。

```
echo "PHPで始めるプログラミング！";
```

このプログラムを表示したWebブラウザからでは、HTMLのソースコードを確認できます。

ソースコードを確認するには、Internet Explorer 11の場合は、プログラムを表示したあとに画面上で右クリックし、「ソースの表示」を選択します。

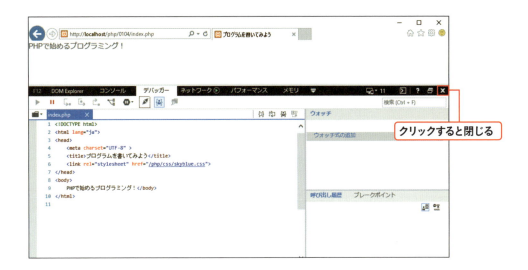

Webブラウザの種類によって、表示のされ方は変わりますが、ほとんど同じ方法でHTML表記を確認することができます。

「echo」は、後ろに書かれているものを書き出す命令文です。「echo」の後ろに半角スペースが1つ入っています。「""」で囲まれている部分は文字列と呼ばれ、プログラムの命令とは関係ない文字や文章を何文字でも記述できます。

また、以下のように書き換えることも可能です。

```
echo "<h1>PHPで始めるプログラミング！</h1>";
```

文字列を出力する簡単なプログラムでしたが、以上がPHPの基本的な書き方になります。

まとめ

- PHPタグ「<?php ?>」内に、PHPのプログラムを記述する
- PHPのファイルには英数字のファイル名を付けて、「.php」の拡張子で保存する

COLUMN　PHPを書く際に気を付けること

PHPでプログラムを書く際には、「;」を1つの命令ごとに記述しますが、以下のように複数の命令を1行に書いてしまうこともできます。

```
echo "PHP"; echo "PHP"; echo "PHP";
```

しかし、これでは1つの命令が読み取りづらいため、通常は1つの「;」につき、以下のように改行を行うようにしましょう。

```
echo "PHP";
echo "PHP";
echo "PHP";
```

プログラム1行分の長さに制限はありませんが、読みやすさを意識した場合、80～100文字程度で書くとエディタで表示した際に、おさまりやすくなるはずです。
よって、あまりにも1行が長いコメントやプログラムは適度に改行を入れるようにしましょう。
また、「<?php ?>」はファイル上のどこにでも書くことができ、複数の「<?php ?>」を記述することも可能です。

```
<title><?php echo "PHPで勉強しよう！"; ?></title>
```

HTML部分とPHP部分を切り分ける特殊なタグと考えると良いでしょう。

第1章 練習問題

■問題1

次の文章の穴を埋めよ。

> プログラムは3パターンの組み合わせによって成り立つ。①　　　とは記述したプログラムを上から順に実行する。②　　　とは特定の条件に合わせた処理を記述でき、実行時には条件によって異なる処理を実行する。③　　　は似たような処理を何度も実行したい場合に使用する。③　　　を使うことで似たような処理を何度も記述する手間が省ける。

ヒント 1-1

■問題2

htdocs内の「Chap1」フォルダ内の「Sample」フォルダ内に「Sample1.php」という名前のphpファイルを作成した場合、Webブラウザからアクセスするための URL を答えなさい。

ヒント 1-4

■問題3

PHPを書く際にPHPタグの中にプログラムを記述します。次の選択肢の中から正しいPHPタグを選択しなさい。

> ① <?start [プログラムの記述] end ?>
> ② <?php [プログラムの記述] ?>
> ③ <!php [プログラムの記述] !>

ヒント 1-5

■問題4

次のプログラムは「PHPで始めるプログラミング！」を表示するためのものである。プログラム内の[　]を埋めて完成させなさい。

> [　] "PHPで始めるプログラミング！";

ヒント 1-5

第2章 サーバとクライアントの通信

2-1　サーバとクライアント

2-2　リンクからデータを送る

2-3　フォームからデータを送る

 第2章　練習問題

第2章 サーバとクライアントの通信

1 サーバとクライアント

完成ファイル | なし

予習　サーバとクライアントのやり取り

第1章では、Webブラウザ（クライアント）からWebサーバに置かれたPHP（プログラム）にアクセスし、WebブラウザでWebページが表示されることを確認しました。

クライアントでWebページが表示できたことは、その表示に必要なデータをWebサーバから受信したことを意味します。逆にクライアントではデータの受信だけでなく、Webサーバへのデータの送信も実行できます。

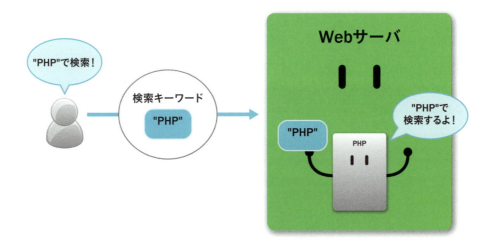

ログインするときのIDやパスワード、検索するときのキーワード、登録に必要な個人情報などさまざまなデータはリクエストとしてWebサーバに届けられます。また、入力されたデータ以外にもリクエスト（要求）には、クライアントからのさまざまな情報が含まれています。

リクエストに含まれるクライアント情報

- **Webブラウザの種類**……クライアント自身の Webブラウザ名やバージョン情報
- **IPアドレス**……通信を行っているコンピュータを識別する情報
- **リファラ**……どこから Webページにアクセスしてきたかを表す情報
- **OSの種類**……Windowsや macOSなど

ユーザー側で特に意識する必要がない情報ですが、これらの情報をプログラムで利用することによって、例えば「Androidを利用している場合は…」「iPhoneを利用している場合は…」などのように処理を分けることも可能です。

このようにサーバとクライアントは、さまざまなデータのやり取りを行っています。

また、リクエストに含まれるクライアント情報はWebブラウザの機能を使うと、その一部を確認することができます。

例えば、Internet Explorer 11では、ソースコードを表示する際（p.50）に利用した開発者ツールでクライアント情報を確認できます。

任意のページをあらかじめ開いておき、F12 を押すか、Webブラウザ右上の歯車アイコンから「F12 開発者ツール」を選択すると、開発者ツールを表示できます。

`http://localhost/php/0104/index.php`のクライアント情報を表示する場合は、「ネットワーク」タブを選択し、画面下にあるリストのうち「`http://localhost/php/0104`」をクリックします。

右側に表示された情報の中で、「Referer」はリファラ（参照先）、「User-Agent」はWebブラウザの種類など示す情報です。

理解 静的ページと動的ページ

HTMLで作成されたページは大きく分けて2つの種類があります。それが、**静的ページ**と**動的ページ**です。
この2つにはどのような違いがあるかをおさえておきましょう。

>>> 静的ページ

静的ページは、誰がいつ閲覧しても、中身が同じように一律に表示されるページのことを言います。
学校や会社へのアクセス方法を紹介するページや、代表の挨拶を載せているページなどは、誰が閲覧しても同じ内容です。
静的ページでは、HTMLで作成されたページは編集を行わない限り、中身が変わることはありません。

>>> 動的ページ

動的ページでは、ページを閲覧する人の要求内容によって、ページの内容が変化します。
検索サイトのように、「PHPというキーワードで検索したい」という要求に対して、「PHPの検索結果」が表示されるページが、動的ページになります。
ショッピングサイトのように、利用者ごとの買い物中のカート情報を表示するページも、動的ページです。
一律の内容を表示するわけではなく、要求によって、臨機応変にWebサーバが応答することで、その都度、プログラムによってHTMLのページが自動生成されています。

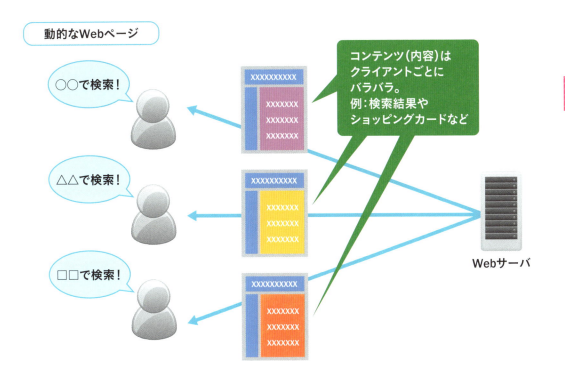

プログラムなしで、HTMLとCSSだけでも、マウスカーソルをボタンに乗せれば色を変えたりすることは可能ですが、それは動的ページと呼びません。

検索結果のページや買い物した内容を表示するページなどの、クライアントによって内容を切り替える必要があるページが動的ページです。

よって、動的ページにはPHPのようにサーバで動作してクライアントのリクエストに臨機応変に対応できるプログラムが必要になります。

具体的にどのようなやり取りでデータが渡されて、動的ページが作成されるのかを、これから見ていきましょう。

第2章 サーバとクライアントの通信

2 リンクからデータを送る

完成ファイル｜[php] → [0202] → [answer_comp.php]

 GET送信とは

クライアントからWebサーバへデータを送信する手段の1つとして**GET**送信があります。リンク先URLにデータを埋め込めることができるため、比較的簡単にサーバにデータを送信できます。

また、データ送信のためのPHPプログラムを別に用意する必要がなく、HTMLのタグだけでデータを送信できます。

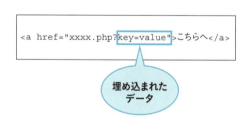

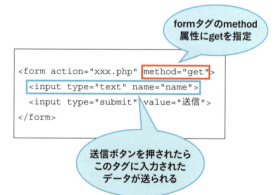

一方、Webサーバでは、クライアントからの送信データを受け取るためのPHPプログラムが必要です。

GET送信は、リンク先URLにデータを埋め込むという性質上、大きなデータの送信には向いていません。また、サーバアプリケーションやWebブラウザによっては、上限となるデータサイズが設定されています。ただ、数百文字程度のデータであれば問題なく送信できますので、本書では特に意識する必要はありません。

体験 リンクでデータを送ろう

1 作業用ファイルを開く

エディタのツリービューで「0202」フォルダに「answer.php」「answer_comp.php」「index.html」があることを確認し、このうち作業用ファイルである「answer.php」をエディタで開きます ①。なお、「answer_comp.php」は完成済のファイルです。

2 データ受け取りを表示するプログラムを記述する

データの受け取りを表示する部分を、HTMLコメントの「<!-- ここから -->」～「<!-- ここまで -->」の間に記述します ①。「$_GET["favorit"]」は送信されたデータを受け取るための命令です。「"favorit"」という名前でデータがこのプログラムに送信され、「echo」を使って出力を行います。プログラムを記述したあとはプログラムを上書き保存してください。

>>> Tips

第2章では、右側のプログラム入力個所の上に「<!-- ここから -->」、下に「<!-- ここまで -->」を入れています。第3章以降には入っていませんが、同様に読み進めてください。

```
16: <!-- ここから -->
17: <?php echo $_GET["favorit"]; ?>です。
18: <!-- ここまで -->
```
1 入力する

3 ファイルをWebブラウザで開く

「http://localhost/php/0202/index.html」をWebブラウザのURL欄に入力します ①。実行すると表示される、「和食の方は……」もしくは「洋食の方は……」のうちどちらかをクリックすると ②、index.htmlからanswer.phpに画面が遷移し、結果が表示されます。

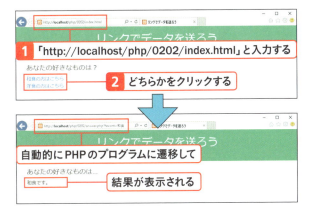

理解 | GETでのデータの受け渡し

「index.html」と「answer.php」の2つのファイルにおけるデータのやり取りのイメージは以下の通りです。

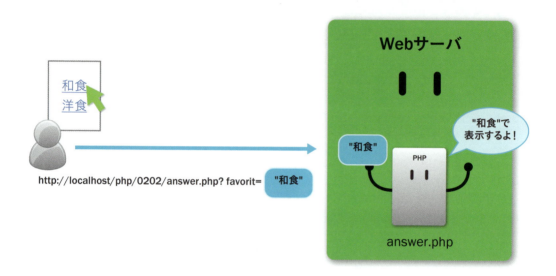

>>> GET送信の書式

ここでは、リクエストとして送信したいデータをリンクの宛先となるURLの最後に付与しています。遷移後のURLを確認するとそれがわかります。

```
http://localhost/php/0202/answer.php?favorit=和食
```

「?」より後ろの「favorit=和食」の部分を**クエリパラメータ**と呼び、リクエストとして送信したいデータです。

クエリパラメータは以下のように記述します。

```
キー=値
```

キーは任意の文字列を指定できます。プログラム内で利用しますので半角英字を使用して、その値が何を意味するのかを推測しやすい文字列にしたほうが良いでしょう。
また、複数のデータを渡すことも可能です。その場合は以下のように記述します。

```
キー1=値1&キー2=値2&キー3=値3...
```

ここで「=」や「&」の前後にスペースを入れないよう注意してください。
このように、URLの後ろにクエリパラメータを付けてデータを送信する方法がGET送信です。

>>> PHP側の処理

受け取るPHP側（answer.php）の処理ではキーを指定してデータを利用します。

```
echo $_GET["favorit"];
```

キーは「"」（ダブルクォーテーション）で囲みます。
「$_GET」は後ほど紹介しますが、ここでは郵便物を受け取る郵便受けと同様に、PHPで用意されている「リクエスト情報を格納する箱」と認識してください。ここでは「和食」というデータを受け取っていますので、「和食です。」とWebブラウザに表示されました。
このように、同じPHPファイルにアクセスしているにも関わらず、結果表示がリクエストによって切り替わるのが動的ページの基本です。

まとめ

- **GET送信はURLの後ろにデータをくっつけて、宛先にデータを送信できる**
- **「$_GET("キーの名前")」によって、GET送信されたデータを受け取れる**

第2章 サーバとクライアントの通信

3 フォームからデータを送る

完成ファイル | [php] → [0203] → [answer_comp.php]

 予習 | **GETとPOSTの違い**

フォームからWebサーバへデータを送信するには、**2-2**で紹介したGET送信の他に、**POST通信**という方法もあります。それぞれの違いは以下の通りです。

種類	データの送信方法
GET	URLの後ろにデータをくっつけて送る（ハガキのイメージ）
POST	リクエスト内のボディと呼ばれる領域にデータを乗せて送る（封書のイメージ）

これらの使い分け方としては、商品検索のキーワードなど簡易なデータはGET送信、会員情報登録ページへ個人情報を送信するなど、重要なデータを扱う場合はPOST送信を利用します。
ただし、大事なデータは、POST送信を利用すればセキュリティ的に大丈夫というわけではありません。封書と同じように封を開ければ中身を確認できてしまいます。
通常、個人情報などの重要なデータは、POST送信と暗号化を組み合わせて送信されます。

体験 フォームでデータを送ろう

1 作業用ファイルを開く

エディタのツリービューで「0203」フォルダに「answer.php」「answer_comp.php」「index.html」があることを確認し、このうち作業用ファイルである「answer.php」をエディタで開きます❶。なお、「answer_comp.php」は完成済のファイルです。

2 データ受け取りを表示するプログラムを記述する

データ受け取りを表示する部分を、HTMLコメントの「<!-- ここから -->」～「<!-- ここまで -->」の間に記述します❶。「$_POST["name"]」はフォームで入力されたデータを受け取るための命令です。"name"という名前でデータがこのプログラムに送信され、「echo」を使って出力を行います。

プログラムを記述したあとはプログラムを上書き保存してください。

```
16: <!-- ここから -->
17: <?php echo $_POST["name"] ?>さんです。
18: <!-- ここまで -->
```
❶ 入力する

3 ファイルをWebブラウザで開く

「http://localhost/php/0203/index.html」をWebブラウザのURLに指定しアクセスします❶。ボックスに名前を入力して❷、「送信」ボタンをクリックすると❸、index.htmlからanswer.phpに画面が遷移し、結果が表示されます。

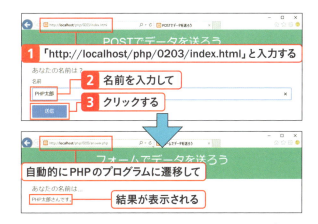

2-3 フォームからデータを送る

理解 POSTでのデータの受け渡し

「index.html」と「answer.php」の2つのファイルにおけるデータのやり取りのイメージは以下の通りです。基本的にGET送信と変わりません。

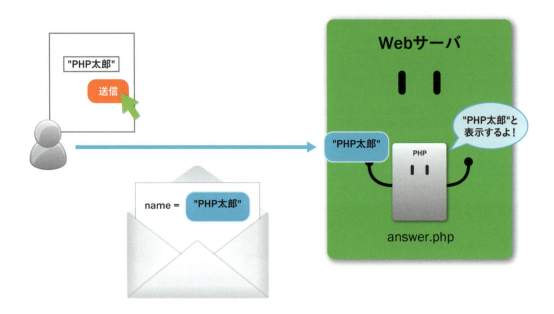

GET送信と異なる点は遷移後のURLです。

```
http://localhost/php/0203/answer.php
```

GET送信のようにクエリパラメータが付いていないことがわかります。しかし、GET送信と同様にデータはきちんと送られていますし、データの形式も同じようです。

ただし、GET送信の場合はハガキのように内容を外から確認できますが、POST送信の場合は封書のような形で隠された形でデータが送られています。

```
echo $_POST["name"];
```

POST送信ではキーをどこで指定しているのでしょうか。それは「index.html」ファイル内の以下の個所です。

```
<input type="text" class="form-control" name="name">
```

上記のinputタグは、ユーザに入力してもらうためのテキストボックスです。inputタグのname属性によって遷移先に送りたいデータのキーを指定できます。
ここでは1つのデータしか送っていませんが、複数のデータを送ることも可能です。その場合は、以下のようにname属性に指定するキーを送信したいデータに合わせて指定しましょう。

```
名前<input type="text" class="form-control" name="name">
住所<input type="text" class="form-control" name="address">
```

まとめ

- **POST送信は、フォームを使ってデータを送信できる**
- **「$_POST("キーの名前")」によって、POST送信されたデータを受け取れる**

第2章 練習問題

■問題1

次の文章の穴を埋めよ。

> HTMLで作成したページのように編集を行わない限り、中身が変わらないWebページを ① ページ、クライアントからのリクエストに応じて中身が変わるWebページを ② ページと呼ぶ。
> リクエストにはさまざまな情報（データ）を含められる。データを送信するには2つの方法があり、クエリパラメータとしてURLの後ろにデータをくっつけて送る ③ と、リクエスト内のボディと呼ばれる領域にデータを乗せて送る ④ がある。

ヒント 2-1

■問題2

以下のURLを指定してsample2.phpにWebブラウザからアクセスした場合、「hobby=読書」という形でクエリパラメータがリンクで送られる。

> http://localhost/Chap2/0201/sample2.php?hobby=読書

受け取るPHP側の処理を次の選択肢から選びなさい。

> ① $_GET["hobby"];
> ② $_GET["読書"];
> ③ $_POST["hobby"];

ヒント 2-2

■問題3

PHPの記述で$_POST["job"];という命令は、POSTで送られてきた"job"というキーの付いたデータを受け取る。送信先のHTMLでこの値をテキストボックスで送信するには、inputタグではどのような属性にキーを指定すれば良いか、リスト内の穴を埋めよ。

> <input type="text" ① = ② >

ヒント 2-3

PHPで使える いろいろなデータ

- 3-1 変数でデータを管理しよう
- 3-2 文字列とは何だろう
- 3-3 さまざまな数値
- 3-4 プログラムにおける計算処理

>>> 第3章 練習問題

第3章 PHPで使えるいろいろなデータ

 変数でデータを管理しよう

完成ファイル │ 📁[php] → 📁[0301] → 📄[variable_comp.php]

予習 変数の役割

プログラムではたくさんのデータを扱います。
これらのデータをすぐに利用するのであれば問題ありませんが、一時的に記録しておいたあとで再利用したいケースがあります。その際に利用されるのが**変数**というしくみです。変数はデータを格納して、いつでもそれを取り出せる箱とイメージしておいてください。

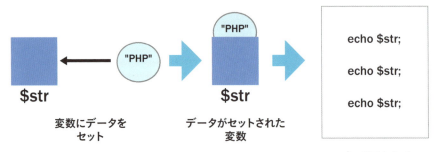

ここでは、変数を作成したあと値を入れて、変数の役割を見ていきましょう。

体験 変数を使ってみよう

1 作業用ファイルを開く

エディタのツリービューで、「0301」フォルダに「variable.php」「variable_comp.php」があることを確認し、「variable.php」をエディタで開きます❶。なお、「variable_comp.php」は完成済のファイルです。

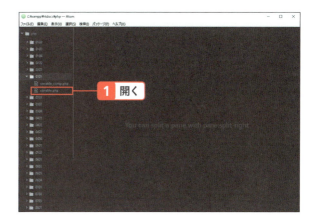

2 変数に値を代入するプログラムを記述する

変数に値を代入し、表示するプログラムを、HTMLコメントの「<!-- ここから -->」から「<!-- ここまで -->」の間に記述します。変数「$str」に「"こんにちは。"」という文字列と呼ばれるデータを代入し❶、変数を利用する準備をします。

```
16: <?php
17: $str = "こんにちは。";
18: ?>
```

❶ 入力する

3-1 変数でデータを管理しよう

3 変数を出力するプログラムを記述する

用意した変数「$str」の値を出力するプログラムを、「<!-- ここから -->」〜「<!-- ここまで -->」の間に記述します❶。先ほど入力した❷と合わせて「<?php ?>」の囲みが2つありますが、実行するときは1つのプログラムとして動作します。プログラムを記述したあとは上書き保存してください。

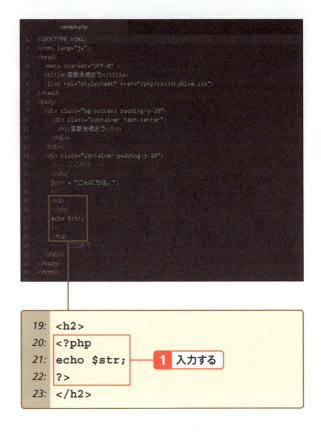

4 ファイルをWebブラウザで開く

「http://localhost/php/0301/variable.php」をWebブラウザのURL欄に入力します❶。変数に代入した値である「こんにちは。」が画面に出力されます。

理解　変数名の付け方と特別な変数

>>> 変数名の付け方

変数には、格納したいデータに合わせて任意の名前を付ける必要があります。これを**変数名**と呼びます。PHPでは、変数名の先頭に「**$**」を付けることで、それが変数だとわかるようにしています。

ただし、変数を用意しただけでは、箱の中身は空の状態です。変数を利用するには、箱にデータを格納する必要があります。これをプログラムでは**代入**と言います。

PHPで変数にデータを代入した例は以下の通りです。

```
$title = "PHPのプログラム";
```

ここで使われている「**=**」は、等しいという意味ではありません。右辺（"PHPのプログラム"）を左辺（$title）に代入する**代入演算子**と呼ばれる記号です。

「$title」は変数名です。変数名は誰が見ても、どのようなデータが格納されているかがわかるものにすると良いでしょう。

「=」の前後に半角スペースを入れて間隔を空けると、プログラムが見やすくなります。半角スペースを入れなくてもプログラムは動きますが、見やすさも意識してプログラムを書くようにしましょう。

[体験]では、以下のように変数「$str」への代入を行っていました。

```
$str = "こんにちは。";
```

なお、以下のように1行を追加すると、あとに書いた「"こんばんは。"」に中身が上書きされます。

```
$str = "こんにちは。";
$str = "こんばんは。";
```

[体験]の中で変数を実際に利用しているのは以下の個所になります。

```
<h2>
<?php
echo $str;
?>
</h2>
```

>>> 変数の定義と未定義

[体験]では、変数を用意する個所と、利用する個所を分けて記述しています。このうち、変数を用意することを**変数を定義する**と言います。変数は一度定義しておけば、それ以降どこでも利用することが可能です。
行の先頭に「//」を付けると、その行はコメントとして扱われます。以下のように先ほどの変数定義をコメントアウトで修正した場合、変数は定義されていない状態になります。

```
// $str = "こんにちは。";
```

変数が定義されていない状態を、**変数が未定義の状態**と言います。未定義の変数を利用しようとした場合、以下のような警告が出てきます。

警告が出ていてもプログラム自体は動いていますが、このような表記が出た際は未定義の変数がないか確認してみると良いでしょう。

メッセージの中にある「on line 21」がエラーが発生した行数を示す部分です。このような情報は、エラー原因を特定する際の重要な要素になりますので覚えておきましょう。

>>> 役割が決まった特別な変数

2-2 と 2-3 では、「$_GET」と「$_POST」というリクエストのデータを受け取る特別な変数を使用していました。

この2つはPHPであらかじめ用意された役割が決まった変数です。Webページではよく使われる変数ですので、ここで役割と利用方法をあらためて確認しておきましょう。

変数	説明
$_GET[]	GET送信で送られたデータが格納されます。「$_GET["name"]」のように[]内にキーを指定することで値を利用できます。
$_POST[]	POST送信で送られたデータが格納されます。「$_POST["name"]」のように[]内にキーを指定することで値を利用できます。

COLUMN 変数名のルール

変数名の先頭に半角英字と「_」(半角アンダーバー)が利用できます。2文字目以降は数字も利用可能です。また、大文字と小文字は違う文字として区別されます。例えば「$title」と「$Title」は違う変数名になります。

ただし通常は、変数名は小文字から始まりますので、頭文字に小文字を使うクセを付けてください。

また、「$userName」のように、2つ以上の単語(ここではuserとName)を組み合わせた変数名にする場合は、2つ目以降の単語の頭文字を大文字にしてください。

まとめ

- 変数にはさまざまなデータを「変数名 = データ」のように、右辺から左辺に代入することができる
- 変数名の頭には「$」を付ける
- 変数名にあとからデータを代入した場合は、元の値は上書きされる

第3章 PHPで使えるいろいろなデータ

2 文字列とは何だろう

完成ファイル | [php] → [0302] → [string_comp.php]

予習 プログラムで表現する文字列

文字列とは、PHPのプログラム中で利用できる文字の集まりのことです。プログラムの命令文としてではなく、プログラム中に文字として利用したい場合はすべて文字列として扱います。

PHPでは文字列を「"」（ダブルクォーテーション）か「'」（シングルクォーテーション）で囲んで表します。またたとえ1文字（以下の「あ」のように）であっても文字列と呼びます。

```
echo "こんにちは。";
```

```
echo 'あ';
```

厳密にはこの2つに違いはありますが、初めから意識する必要はありません。どちらも文字列を表すので、初めてプログラムを書く際はどちらかに統一しましょう。本書では「"」で進めていきます。

また、複数の文字列をくっつけることを文字列の**結合**と呼びます。結合は「.」（ピリオド）を利用します。

```
echo "こんにちは。" . "はじめまして！";
```

「.」の後ろにはくっつけたい文字列を記述します。続けて書いてもかまいませんが、「.」は小さいので見やすくするために半角スペースを1つ入れると良いでしょう。

体験 文字列を結合しよう

1 作業用ファイルを開く

エディタのツリービューで「0302」フォルダに「string.php」「string_comp.php」があることを確認し、このうち作業用ファイルである「string.php」をエディタで開きます❶。なお、「string_comp.php」は完成済のファイルです。

❶ 開く

2 変数に値を代入し表示するプログラムを記述する

変数に値を代入し表示するプログラムを、HTMLコメントの「<!-- ここから -->」と「<!-- ここまで -->」の間に記述します❶。まず、変数「$name」に「"PHP"」という文字列データを代入し、変数を利用するための準備を行います。

```
16: <?php
17: $name = "PHP";
18: ?>
```

❶ 入力する

3 変数を出力する部分を記述する

続いて、変数を出力する部分を記述します。「<h2>」と「</h2>」の間に記述します❶。「"今、勉強しているプログラムは"」と「$name」と「"です。"」を文字列結合して出力させます。プログラムを記述したあとは上書き保存してください。

❶ 入力する

```
19: <h2><?php echo "今、勉強しているプログラムは". $name. "です。"; ?></h2>
```

4 ファイルをWebブラウザで開く

「http://localhost/php/0302/string.php」をWebブラウザのURLに指定しアクセスします❶。「今、勉強しているプログラムはPHPです。」という文字列が表示されます。

❶「http://localhost/php/0302/string.php」と入力する

「今、勉強しているプログラムはPHPです。」と表示される

理解 いろいろなデータの種類

文字列を変数へ代入する例は以下の通りです。

```
$name = "PHP";
```

代入した変数を表示する際、**[体験]**のプログラムでは、以下のように文字列結合を実行しています。

```
echo "今、勉強しているプログラムは". $name. "です。";
```

このように文字列結合は文字列の前後どちらに変数を置いても良いです。

echo "今、勉強しているプログラムは".$name."です。";

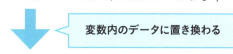
変数内のデータに置き換わる

echo "今、勉強しているプログラムは"."PHP"."です。";

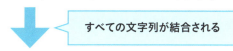
すべての文字列が結合される

echo "今、勉強しているプログラムはPHPです。";

また、「""」で囲まれていた文字列の場合は、以下のような書き方も可能です。

```
echo "今、勉強しているプログラムは $name です。";  ←①
echo "今、勉強しているプログラムは{$name}です。";  ←②
```

①の場合は、「$name」の前後に半角スペースを入れる必要があります。そのようにしないと、プログラム実行時に「$nameです。」という変数名として認識されてしまいます。

また、どこからどこまでが変数名なのかをわかりやすくするため、文字列内に変数名を入れる場合は、②のように「{}」で囲みます。このようにすれば、PHPでは文字列内で変数を展開することが可能になります。

ただし、「'(ダブルクォーテーション)」で囲まれた文字列内では変数の展開はできないため注意してください。

また、文字列結合では、変数と変数を結合することも可能です。

```
$value1 = "今、勉強しているプログラムは";
$value2 = "PHP";
$value3 = "です。";
```

このような変数を用意していた場合、以下のようにすべての変数を結合することもできます。

```
echo $value1. $value2. $value3;
```

>>> データ型

PHPに限らず、一般的なプログラムではデータの種類のことをデータ型（あるいは型）と呼びます。このデータ型にあてはめてどのようなデータかを判定することで、それが何を表しているのかを判断するための材料となります。

プログラムで利用するデータ型の主な種類として、文字列も含めて以下の種類があります。

データ型	説明
文字列	主に表示に利用します。数値と同様に比較などの判断材料にも利用されます。例えば、パスワードが正しいかなどをチェックする際には対象を文字列として比較します。
数値	計算や表示に利用します。それだけでなく大小を比較するなどの判断にも利用されます。整数や浮動小数点といった種類があります。
論理値	booleanとも呼びます。第4章（「処理を分岐させよう」）の条件で使用するデータ型です。true（真）とfalse（偽）の2種類があります。

これら以外にもデータ型は細かく区分されていますが、まずは主なものを理解していくようにしましょう。

COLUMN　Ajax（エイジャックス）

Ajaxとは、JavaScriptと、XML（HTMLのようにタグ付けするマークアップ言語）などを組み合わせて、非同期通信を実現する手段の名称です。

非同期とは、WEBページなどのページの一部のみを書き換えることです。それによって、クライアントの待機時間を減らすことができます。

非同期に対して、同期はすべてのページを読み込むまで待機時間が発生します。

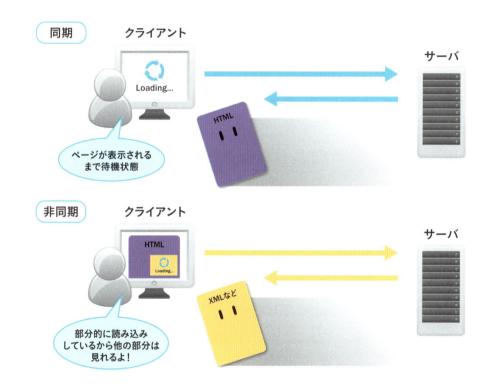

上図のように、部分的な読み込みを行っている最中でも、ページ内の他の部分を閲覧することが可能です。

まとめ

- ●文字列のデータをプログラム内で書くには「" "」か「' '」で囲む
- ●文字列を結合するには「.」を利用する

第3章 PHPで使えるいろいろなデータ

3 さまざまな数値

完成ファイル | [php] → [0303] → [numbers_comp.php]

 予習 さまざまな数値データ

文字列以外に、プログラム中によく利用するデータの1つに数値データがあります。
PHPで利用する数値データはいくつかありますが、よく利用するものは以下の通りです。

種類	説明
整数	0,100,-100などの値。integerとも呼びます。
浮動小数点数	0.5,-0.5,3.14などの実数の値。floatとも呼びます。

プログラム内で数値を入力するときは半角で入力します。

```
<?php
    echo 100;
?>
```

「.」(ピリオド)も半角で入力します

```
<?php
    echo 3.14;
?>
```

正の数(「+」は省略できます)や負の数(数値の先頭に「-」を付けます)も表現できます。

```
    echo -100;
```

体験 数値を表示しよう

1 作業用ファイルを開く

エディタのツリービューで「0303」フォルダに「numbers.php」「numbers_comp.php」があることを確認し、このうち作業用ファイルである「numbers.php」をエディタで開きます❶。なお、「numbers_comp.php」は完成済のファイルです。

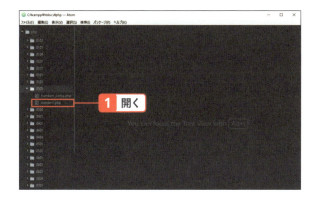

2 変数に値を代入し表示するプログラムを記述する

変数に値を代入し表示するプログラムを、HTMLコメントの「<!-- ここから -->」~「<!-- ここまで -->」の間に記述します。まず、利用する変数を用意します❶。「
」を代入している変数は表示する際に改行するために利用します❷。続けて、各変数を出力させる部分を記述します❸。

プログラムを記述したあとは上書き保存してください。

```
16: <?php
17: $num1 = 100;      ❶ 入力する
18: $num2 = -50;
19: $num3 = 1.23;
20:
21: $br = "<br>";     ❷ 入力する
22:
23: echo $num1;
24: echo $br;
25: echo $num2;       ❸ 入力する
26: echo $br;
27: echo $num3;
28: ?>
```

3-3 さまざまな数値 | 81

3 ファイルをWebブラウザで開く

「http://localhost/php/0303/numbers.php」をWebブラウザのURLに指定しアクセスします❶。すると、変数に代入した「100」「-50」「1.23」が改行されて表示されます。

❶「http://localhost/php/0303/numbers.php」と入力する

「100」「-50」「1.23」と表示される

理解 | 文字列と数字の違い

数値を変数へ代入している場合は以下のように記述します。ぱっと見た感じでは、文字列を変数に代入する場合と違いはありません。

```
$num1 = 100;
```

今回のプログラムでは、見やすさのために改行タグ「
」を合間に表示していますが、表示方法も文字列の場合と違いはありません。

```
$br = "<br>";

echo $num1;
echo $br;
```

数値として指定する場合は「""」や「''」などで囲む必要はありませんが、以下のように数値を文字列として表した場合はどうなるでしょうか。

```
echo "100";
echo 100;
```

プログラムでは、文字列型で表したものは数値であっても文字列として扱われます。
上の場合も下の場合も表示に違いはありませんが、それを使ってプログラム内で計算や比較を行う場合は、それぞれのデータ型がそろっていないと、ユーザーが意図した実行結果になりませんので、注意してください。

まとめ

- 数値のデータをプログラム内で書くには記号で囲まず、そのままで記述する

第3章 PHPで使えるいろいろなデータ

4 プログラムにおける計算処理

完成ファイル | [php] → [0304] → [calc_comp.php、result_comp.php]

予習 プログラムを使った計算

プログラムで計算を実行するには、**四則演算子**を使用します。演算子自体はよく使ってきましたが、一部プログラム特有の書き方があります。まずは演算子の意味と使い方について見ていきましょう。

演算子	意味	例	結果
+	足し算（加算）	echo 1 + 2;	3
-	引き算（減算）	echo 10 - 5;	5
*	掛け算（乗算）	echo 2 * 2;	4
/	割り算（除算）	echo 3 / 2;	1.5
%	割り算の余り（剰余算）	echo 3 % 2;	1

割り算には、商（割った答えを求める）を求める「/」と、余りを求める「%」の2つがあります。プログラムでは答えを1つしか求められないため2つの方法が存在します。

演算子の優先順位は普段の計算方法と変わりません。掛け算・割り算が足し算・引き算より優先します。

()を利用した計算も可能です。以下の実行結果は25となります。

```
echo (2 + 3) * 5;
```

体験 四則演算を行おう

1 作業用ファイルを開く（calc.php）

エディタのツリービューで「0304」フォルダに「input.php」「calc.php」「calc_comp.php」「result.php」「result_comp.php」があることを確認し、このうち作業用ファイルである「calc.php」をエディタで開きます ■。なお、「result_comp.php」「calc_comp.php」は完成済のファイルです。

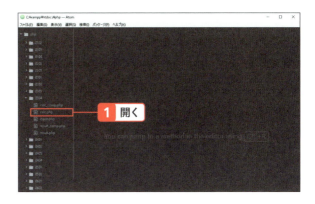

2 四則演算を行うプログラムを記述する（calc.php）

四則演算を行うプログラムを「<!-- ここから -->」と「<!-- ここまで -->」の間に、HTMLのリスト形式を利用して、4つの計算結果を出力させるプログラムを記述します ■。
次に計算結果をそのまま出力するのではなく、一度変数に代入してから出力する部分を記述します ■。割り算の余りを求めて「$result」変数に代入し、次の行で変数を出力させています ■。
プログラムを記述したあとは上書き保存してください。

```
16:    <ul>
17:        <li><?php echo 1 + 2; ?></li>
18:        <li><?php echo 10 - 5; ?></li>
19:        <li><?php echo 2 * 2; ?></li>
20:        <li><?php echo 3 / 2; ?></li>
21:        <?php $result = 3 % 2; ?>
22:        <li><?php echo $result; ?></li>
23:    </ul>
```

1 入力する
2 入力する
3 入力する

3-4 プログラムにおける計算処理 | 85

3 ファイルをWebブラウザで開く(calc.php)

「http://localhost/php/0304/calc.php」をWebブラウザのURL欄に入力します❶。すると四則演算による計算結果がWebブラウザに表示されます。

4 データを受け取るプログラムを追加する(result.php)

次にエディタのツリービューで「0304」フォルダの「result.php」を開きます❶。
「calc.php」では決まった計算結果を表示するだけでしたが、ここでは「input.php」で入力した2つの数字を足し算して、その結果を「result.php」で出力していきます。データを受け取る処理をここでは追加します❷。
「result.php」は「input.php」とペアで動作するプログラムです。
プログラムを記述したあとは上書き保存してください。

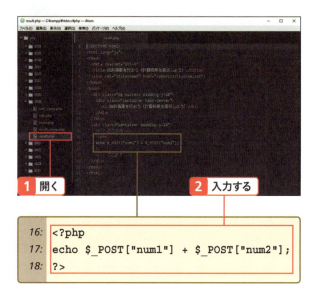

```
16: <?php
17: echo $_POST["num1"] + $_POST["num2"];
18: ?>
```

5 2つの数字を入力する(input.php)

「http://localhost/php/0304/input.php」をWebブラウザのURL欄に入力します❶。次に数値1と数値2に好きな数字をそれぞれ入力して❷、送信ボタンをクリックします❸。

6 計算結果が表示される(result.php)

「result.php」に画面が遷移し、「input.php」で入力した2つの数字の足し算の結果が表示されます。

理解 演算の組み合わせや書き方

[体験]のcalc.phpでは、以下の個所で四則演算の結果を表示しています。

```
<li><?php echo 1 + 2; ?></li>
<li><?php echo 10 - 5; ?></li>
<li><?php echo 2 * 2; ?></li>
<li><?php echo 3 / 2; ?></li>
<?php $result = 3 % 2; ?>
<li><?php echo $result; ?></li>
```

以下の%を利用した剰余算のみ、計算結果を一度変数に代入してから表示しています。

```
<?php $result = 3 % 2; ?>
```

このように、計算結果は変数に代入することが可能です。今回は剰余算の結果を代入していますが、どの計算の結果であっても変数に代入することは可能です。また、以下のように数値を変数に代入し、それを計算することも可能です。

```
$num1 = 1;
$num2 = 2;
echo $num1 + $num2;
```

入力した値で計算

画面上で入力された数値を足し算するプログラムを見ていきましょう。
「input.php」で入力した2つの数字は「result.php」で足し算され、結果として表示されます。

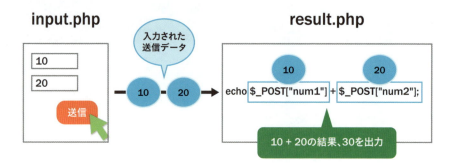

「result.php」で結果として表示している部分は以下の処理です。

```
echo $_POST["num1"] + $_POST["num2"];
```

「$_POST[]」で指定した「"num1"」と「"num2"」を足し算しています。今回、入力画面では数値が入力されることが前提ですが、以下のように文字列を入力した場合は、どのような結果になるでしょう。

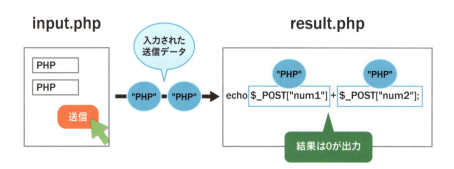

「"PHP"」という文字列同士で足し算はできないはずです。ですが、PHPのプログラム内では、「"PHP"」という文字列を自動的に数値「0」に変換してしまいます。その結果、「0 + 0」が計算され、出力結果も0となります。

このように、ユーザーによる入力値には意図せぬ値が含まれる可能性があります。文字列を入力して計算を実行する際、入力された値をチェックするしくみを用意しておかなければなりません。

第7章で関数というしくみを利用して、入力値が数値かどうかのチェックの仕方を見ていきます。ここでは、入力値を利用した計算の方法を知っておきましょう。

COLUMN　PHPでの文字列の扱い

文字列「PHP」を計算に用いた場合、PHPでは、自動的に数値「0」に置き換えていました。PHPでは計算を行う際、ある程度予測して文字列から数値へ、気を利かせて変換します。
以下の場合は、「1PHP」と「3PHP」を計算しようとしています。結果は「4」と表示されますが、「Notice」という警告文で、文字列中に数値ではない文字が含まれている点を警告しています。

変換してくれることは助かりますが、入力された値が意図した値かどうかは、やはりチェックする必要があります。

まとめ

- **計算をする際には、足し算「+」、引き算「-」、乗算「*」、除算「/」、剰余算「%」を使って記述する**
- **除算「/」は、割り算の商を求める。剰余算「%」は割り算の余りを求める**

第3章 練習問題

■**問題1**

hobbyという変数に文字列「読書」を代入する場合、正しい記述を以下の選択肢から選びなさい。

① "読書" = $hobby;
② $_POST["hobby"]= "読書";
③ $hobby = "読書";

ヒント 3-1

■**問題2**

次のプログラムが実行されると、Webブラウザに何が表示されるか答えなさい。

```
<?php
$data1 = 100;
$data2 = 200;
$ans = $data1 + $data2;
echo "足し算の結果は" . $ans . "です。";
?>
```

ヒント 3-4

制御文 - 分岐

4-1　条件とは

4-2　条件によって処理を分岐する - if

4-3　たくさんの分岐を作る - if elseif

4-4　もう1つの条件分岐 - switch

第4章　練習問題

第4章 制御文 - 分岐

1 条件とは

完成ファイル | 📁[php] → 📁[0401] → 📄[condition_comp.php]

予習　条件とは

プログラムでは、処理を分岐させるために**条件**が必要となります。ここでは、プログラムにおける条件の作り方について確認していきましょう。

>>> 条件は具体的な表現で示す

条件を作成する場合は、あいまいな表現ではいけません。例えば、「もし暑かったら」ではなく、「もし温度が30度以上であれば」というように、具体的な条件を示す必要があります。

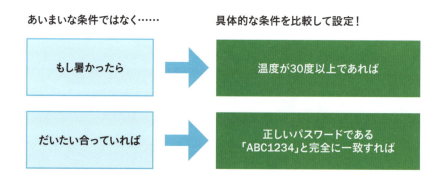

このように、具体的な数値や文字列を比較してから条件を決めていきます。

▶▶▶ 比較演算子とは

比較には以下の表に挙げた**比較演算子**を使用します。
表内の使用例では、変数「$number」に「100」が代入されているとし、その条件の結果を示しています。使用例の結果には「true」と「false」の2種類があることがわかります。

種類	意味	使用例	使用例の結果
>	左辺が右辺より大きい	$number > 100	false
>=	左辺が右辺以上	$number >= 100	true
<	左辺が右辺未満	$number < 100	false
<=	左辺が右辺以下	$number <= 100	true
==	左辺と右辺が等しい	$number == 100	true
!=	左辺と右辺が等しくない	$number != 100	false

条件の結果が成り立つ場合は「true」、逆に成り立たない場合は「false」という論理値と呼ばれるデータ型で表します。

▶▶▶ 等しいかどうかを比較する

左辺と右辺が等しいかどうかを比較する場合、プログラム特有の書き方として「==」を使います。

「=」が1つの場合は変数への値の**代入**を表し、「==」と2つある場合は**それらが等しいかどうかの比較**を意味します。
また、「!=」は「==」の逆（等しくないかどうか）の比較を意味します。
条件の表現方法はいくつもありますが、1度にすべてを覚える必要はありません。実際にプログラムを読み書きしながら慣れていきましょう。

体験 条件の結果を確認しよう

1 作業用ファイルを開く

エディタのツリービューで、「0401」フォルダに「condition.php」「condition_comp.php」があることを確認し、「condition.php」をエディタで開きます❶。なお、「condition_comp.php」は完成済のファイルです。

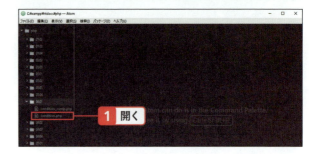

2 条件判定を行うプログラムを記述する

条件判定を行うプログラムを書いてみましょう。プログラムを記述する個所は5ヵ所あります。HTMLのコメントは消してもかまいません。

まず、最初に条件に利用する変数を1つ用意します❶。続いて、各条件の結果を出力させる部分を記述していきます❷。

プログラムを記述したあとは上書き保存してください。

```
01:    <?php $number = 100; ?>
02:    <tr><th>100 > 100</th><td><?php echo $number > 100; ?></td></tr>
03:    <tr><th>100 <= 100</th><td><?php echo $number <= 100; ?></td></tr>
04:    <tr><th>100 == 100</th><td><?php echo $number == 100; ?></td></tr>
05:    <tr><th>100 != 100</th><td><?php echo $number != 100; ?></td></tr>
06:    </table>
```

❶ 入力する　❷ 入力する

3 ファイルをWebブラウザで開く

「http://localhost/php/0401/condition.php」をWebブラウザのURLに指定し❶、値を入力してアクセスします。2行目と3行目の右側に「1」と表示されていることがわかります。

理解 さまざまな比較演算子

条件の比較は、処理を分岐させる場合などに利用します。ここでは、比較演算子の使い方を確認しておきましょう。

[体験] のプログラムにおいて、比較材料になっているのは変数「$number」です。
「echo」によって比較結果となる値が画面に表示されます。「true」の場合は「1」が出力され、「false」の場合は何も出力されません。
「echo」を使うと、画面上に結果が表示されますが、プログラム内で表現する場合は、「true」と「false」というデータ型となります。

》》》「==」と「===」の違い

「等しい」を表す「==」と「等しくない」を表す「!=」には、「===」と「!==」という違う書き方があります。
以下の例では、変数「$number」に数値「100」を代入し、「===」と「!==」で比較しています。

```
$number = 100;
echo $number === 100; ←①
echo $number !== 100; ←②
```

実行結果は①は「true」、②は「false」となります。
「===」は「==」より「=」の数が1つ増えていますが、「等しい」「等しくない」を判定するという大筋の意味は同じです。違うのは、「===」では**データ型についても比較を行っている**ことです。
また以下のように、変数「$number」に文字列「100」を代入した場合、結果は「===」と「!==」で変わってきます。

```
$number = "100";
echo $number === 100; ←③
echo $number !== 100; ←④
```

実行結果は、③は「false」、④は「true」です。
文字列の「100」と数値の「100」を違うデータとして識別されるため、③はfalse、④はtrueという結果になっています。

このように、より厳密にデータの比較を行う場合は、「===」と「!==」を利用します。「==」と「===」、「!=」と「!==」の違いをきちんと把握しておきましょう。

▶▶▶ 条件の組み合わせ

条件を組み合わせる場合は、「なおかつ」を表す「**&&**」や、「または」を表す「**||**」を利用します。これらの記号を**論理演算子**と呼びます。
以下は、点数を代入する変数「$score」が「80」以上でかつ「100」以下という場合の例です。

```
$score >= 80 && $score =< 100
```

また、以下は名前を代入する変数「$name」が「山田」または「田中」という場合の例です。

```
$name == "山田" || $name == "田中"
```

「&&」と「||」などの論理演算子は、それらを組み合わせたり、また2つ以上使用することも可能です。ただし、「&&」は「||」よりも優先順位が高いので、組み合わせる際は注意が必要です。
例えば、変数「$name」が「山田」、または変数「$name」が「田中」でかつ変数「$score」が「80以上」の場合は以下のようになります。

```
$name == "山田" || $name == "田中" && $score >= 80
```

この場合、「$name」が「山田」であれば、「$score」がいくつでも結果は「true」となります。

「&&」が「||」よりも先に実行される

1番目の条件

$name == "山田" || $name == "田中" && $score >= 80

$name == "山田" || 1番目の条件の結果

2番目の条件

また、「$name」が「山田」か「田中」、なおかつ「$score」が80以上とする場合は、優先順位を先にすることを示す「( )」と組み合わせます。

```
// $nameが田中、または山田、なおかつ$scoreが80以上
($name == "田中" || $name == "山田") && $score >= 80
```

まとめ

- 条件の結果は「true」「false」という論理値と呼ばれるデータで表す
- 「==」は等しい場合に「true」、「!=」は等しくない場合に「true」を結果として返す

第4章 制御文 - 分岐

2 条件によって処理を分岐する - if

完成ファイル | [php] → [0402] → [if_comp.php]

 予習 **処理を分岐させるには**

条件が成り立つことを示す「true」や、逆に条件が成り立たないことを示す「false」という結果が出たあと、どのような動作を実行するのかを表すのが**if**文です。

```
if ( 条件 ) {
    条件が成り立った場合の処理
}
```

()の中には条件を指定できます。「{」から「}」までの部分を**ブロック**と呼び、条件が成り立つ場合(true)のみ、このブロック内に書かれた処理が実行されます。逆に条件が成り立たない場合(false)は、{}内の処理は無視されます。

条件が成り立たない場合に実行したいことが明確にあるケースでは、**else**ブロックを別に用意します。elseは「条件がすべて成り立たない場合」を表します。

```
if ( 条件 ) {
    条件が成り立った場合の処理
} else {
    条件がすべて成り立たない場合の処理
}
```

elseを使った場合の処理の流れは以下のようになります。

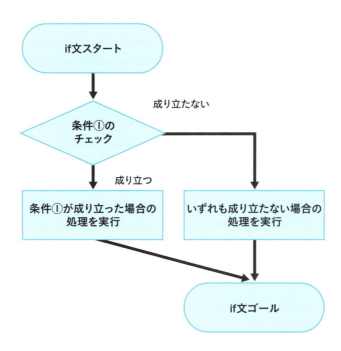

例えば、「条件がすべて成り立たない場合は、何もしない」といったケースでは、elseブロックは省略することもできます。

if elseを使ってみよう

1 作業用ファイルを開く

エディタのツリービューで「0402」フォルダに「if.php」「if_comp.php」「input.php」があることを確認し、このうち作業用ファイルである「if.php」をエディタで開きます❶。なお、「if_comp.php」は完成済のファイルです。

2 条件分岐を行うプログラムを記述する

条件分岐を行うプログラムをHTMLコメントの「<!-- ここから -->」と「<!-- ここまで -->」の間に記述します❶。変数「$number」を用意し、if文を使って「$number」の値が「100」より大きい場合と、そうでない場合で分岐する処理を記述します。

プログラムを記述したあとは上書き保存してください。

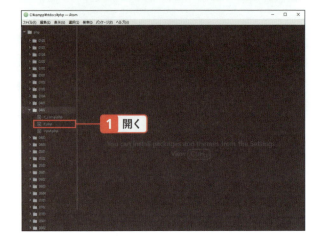

```
16: <?php
17: $number = 200;
18: if ( $number > 100 ) {
19:     echo "100より大きいです";
20: } else {
21:     echo "100以下です";
22: }
23: ?>
```

3 ファイルをWebブラウザで開く（if.php）

「http://localhost/php/0402/if.php」をWebブラウザのURLに指定しアクセスします ❶。今回は「$number」の値を「200」としたため、その値による分岐の結果が出力されます。

4 入力した値で判断するプログラムに変更する

「if.php」の一部を変更します。❷で入力したプログラムのうち、「$number = 200;」の先頭に「// 」を追加し❶、その下に「$number = $_POST["inputVal"];」を追加します❷。これによって、input.phpで入力された値を受け取って、条件を判断するようになります。

プログラムを記述したあとは上書き保存してください。

>>> **Tips**

プログラムを書き換えても良いですが、コメントにすることによって、元に戻したい場合も簡単に行うことができます。

```php
<?php
// $number = 200;
$number = $_POST["inputVal"];
if ( $number > 100 ) {
    echo "100より大きいです";
} else {
    echo "100以下です";
}
?>
```

5 ファイルをWebブラウザで開く（input.php）

「http://localhost/php/0402/input.php」をWebブラウザのURLに指定し❶、値を入力して❷、送信ボタンをクリックしてアクセスします❸。編集したファイルは「if.php」ですが、今回は2つのファイルで構成されています。始めにアクセスするのは「input.php」です。そのページ内に入力欄に数値を入力することで「if.php」へ遷移し、入力された値による分岐結果が出力されます。

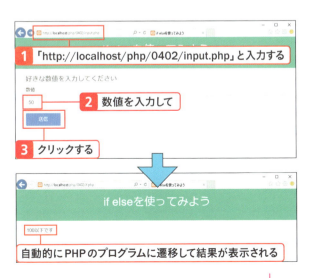

4-2 条件によって処理を分岐する - if

理解 **if elseでの処理の流れ**

[体験]のプログラムでは、以下のように条件に使用する変数をあらかじめ用意しています。

```
$number = 200;
```

条件を含むif文は以下の部分になります。{ }（ブロック）内の処理は、以下のようにタブ（もしくは半角4つ）を入れてプログラムを記述すると見やすくなります。

```
if ( $number > 100 ) {
    echo "100より大きいです";
} else {
    echo "100以下です";
}
```

今回のプログラムで、条件となるのは「$number > 100」の部分です。「$number」には「200」が入るため、結果は「true」となります。
実際にif文の( )内が書き換わるわけではありませんが、以下のように( )内の結果によって処理が分岐します。

```
if ( true ) {
    echo "100より大きいです";
} else {
    echo "100以下です";
}
```

```
200
$number   > 100
```

if (**true**) {
    echo "100より大きいです";
} else {
    echo "100以下です";
}

条件の結果trueと判定
trueの場合の処理を実行!
elseブロックは無視され if文終了

もし、「$number」が「50」の場合は、以下のような処理の流れになります。

```
$number = 50;

if ( $number > 100 ) {
    echo "100より大きいです";
} else {
    echo "100以下です";
}
```

```
50
$number   > 100
```

if (**false**) {
    echo "100より大きいです";
} else {
    echo "100以下です";
}

条件の結果falseと判定
elseブロック内の処理が実行!
if文終了

なお、「else{ 処理 }」は省略可能です。例えば、条件が成り立たない場合、何も処理しないのであれば、以下のように何も書かなければ、実行しても何も結果は表示されません。

```
$number = 50;

if ( $number > 100 ) {
    echo "100より大きいです";
}
```

▶▶▶ 入力した値で条件分岐

[体験]の手順❹では、「input.php」で入力された値を利用して分岐処理を行うプログラムに変更しています。

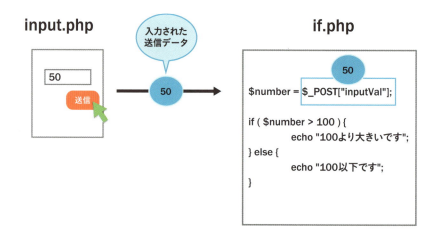

「if.php」の中の以下の部分で、「input.php」で入力された値を受け取っています。

```
$number = $_POST["inputVal"];
```

入力される値は数値であることが前提ですが、ここに数値ではなく文字列を入力すると、どうなるのでしょうか。

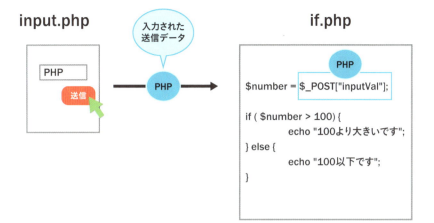

「"PHP"」という文字列を入力した場合は、それと数値「100」を比較することになります。この場合は、データの種類が異なりますので、このような比較はもちろん成り立ちません。そこでPHPでは、文字列「"PHP"」を数値「0」に自動的に変換してしまいます。

```
0 > 100
```

結果は「false」となり問題なく処理されますが、だからといってそれで良いわけではありません。というのも、入力値が数値でない場合も「100以下です」というメッセージが表示されることになります。比較として成り立っていないにもかかわらず、比較の処理が行われたように見えるためです。

第3章でも触れた通り、本来、このようなプログラムでは、数値がきちんと入力されているかどうかをチェックする処理が必要となります。それについては第7章で紹介します。ここでは、入力値を利用した分岐の方法を理解しておきましょう。

まとめ

- **if文では()内に条件を記述することで、処理を分岐させる**
- **elseブロックは、すべての条件が成り立たない場合の処理を記述する**
- **elseブロックは、省略できる**

第4章 制御文 - 分岐

3 たくさんの分岐を作る - if elseif

完成ファイル｜[php] → [0403] → [elseif_comp.php]

予習　複数の分岐 - elseif

ifとelseだけでは、処理を最大2つに分岐することしかできません。それ以上の分岐処理を行いたい場合は、**elseif**ブロックをifブロックの後ろに追加します。
elseifを使った場合の構文は以下の通りです。

```
if ( 条件① ) {
    条件①が成り立った場合の処理
} elseif ( 条件② ) {
    条件②が成り立った場合の処理
} else {
    条件がすべて成り立たない場合の処理
}
```

elseifはelse（その他）とifをくっつけた言葉です。その名の通り意味も「その他のif」となり、ifと組み合わせるときのみ利用できます。条件がすべて成り立たないときに実行される処理が必要な場合は、elseをif文の最後に追加します。
また、**4-2**で扱ったelseとの違いとして、elseifには( )を用いて条件を記述できますが、elseではできないという点が挙げられます。

elseifを使った処理の流れは以下のようになります。

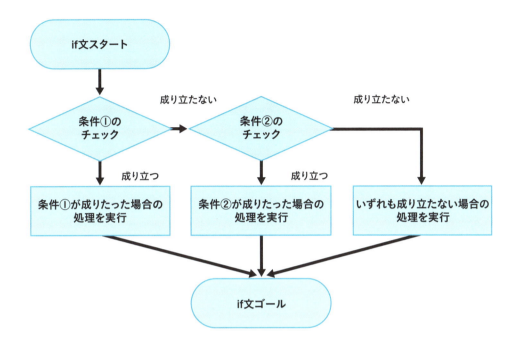

上から順番に条件をチェックしていきます。いずれかの条件が成り立ちさえすれば、それ以降の条件やブロックは無視される点に注意してください。
また、elseifは以下のようにいくつでも追記することができます。

```
if ( 条件① ) {
    条件①が成り立った場合の処理
} elseif ( 条件② ) {
    条件②が成り立った場合の処理
} elseif ( 条件③ ) {
    条件③が成り立った場合の処理
         ⋮
(以降追加可能)
}
         ⋮
```

体験 if elseif で複数の分岐を作ろう

1 作業用ファイルを開く

エディタのツリービューで「0403」フォルダに「elseif.php」「elseif_comp.php」「input.php」があることを確認し、このうち作業用ファイルである「elseif.php」をエディタで開きます❶。なお、「elseif_comp.php」は完成済のファイルです。

2 elseifを使った条件分岐を行うプログラムを記述する

elseifを使った条件分岐を行うプログラムをHTMLコメントの「<!-- ここから -->」と「<!-- ここまで -->」の間に記述します❶。

変数「$number」を用意して「if elseif else」を使って、「$number」の値が「100」より大きい場合と、「100」以下で「80」より大きい場合、すべての条件が成り立たない場合で分岐する処理を記述します。

プログラムを記述したあとは上書き保存してください。

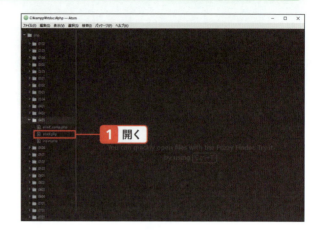

```
15: <?php
16: $number = 90;
17: if ( $number > 100 ) {
18:     echo "100より大きいです";
19: } elseif ( $number > 80 ) {
20:     echo "100以下で80より大きいです";
21: } else {
22:     echo "80以下です";
23: }
24: ?>
```

3 ファイルをWebブラウザで開く（elseif.php）

「http://localhost/php/0403/elseif.php」をWebブラウザのURLに指定しアクセスします❶。「$number」の値を「90」としたため、その値による分岐の結果が出力されます。

❶「http://localhost/php/0403/elseif.php」と入力する

分岐の結果が表示される

4 入力値によって条件を判断するプログラムを記述する

「elseif.php」の一部を変更します。❷で入力したプログラムのうち、「$number = 90;」の先頭に「// 」を追加し❶、その下に「$number = $_POST["inputVal"];」を追加します❷。

これによって、input.phpで入力された値を受け取って、条件を判断するようになります。プログラムを記述したあとは上書き保存してください。

```
16: <?php
17: // $number = 90;
18: $number = $_POST["inputVal"];
19: if ( $number > 100 ) {
20:     echo "100より大きいです";
21: } elseif ( $number > 80 ) {
22:     echo "100以下で80より大きいです";
23: } else {
24:     echo "80以下です";
```

❶ コメントにする
❷ 入力する

5 ファイルをWebブラウザで開く（input.php）

「http://localhost/php/0403/input.php」をWebブラウザのURLに指定し❶、値を入力して❷、送信ボタンをクリックしてアクセスします❸。編集したファイルは「elseif.php」ですが、今回は2つのファイルで構成されています。始めにアクセスするのは「input.php」です。そのページ内に入力欄に数値を入力することで「elseif.php」へ遷移し、入力された値による分岐結果が出力されます。

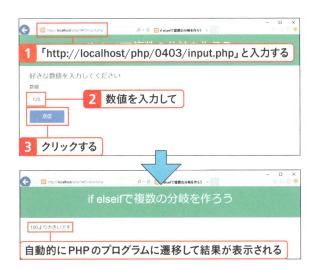

❶「http://localhost/php/0403/input.php」と入力する
❷ 数値を入力して
❸ クリックする

自動的にPHPのプログラムに遷移して結果が表示される

4-3 たくさんの分岐を作る - if elseif

理解　if elseifでの処理の流れ

[体験]のプログラムでは、「$number」が「90」となっています。この処理の流れを図でまとめると以下のようになります。ここでのポイントは、条件が成り立ったブロック（{ }で囲まれた部分）のみが実行される点です。

```
            $number = 90;
条件1    if ( $number > 100 ) {        ──→ 結果はfalse
             echo "100より大きいです";
条件2    } elseif ( $number > 80 ) {    ──→ 結果はtrue
             echo "100以下で80より大きいです";
条件3    } else {
             echo "80以下です";          （elseブロックは無視されます）
         }
                    （if文終了）
```

また、「elseif (条件) { 処理 }」のブロックを増やした場合は、以下のように記述できます。

```
if ( $number > 100 ) {
    echo "100より大きいです";
} elseif ( $number > 80 ) {
    echo "100以下で80より大きいです";
} elseif ( $number > 60 ) {        ← 追加した個所
    echo "80以下で60より大きいです";
} else {                            ← 変更した個所
    echo "60以下です";
}
```

条件のブロックがどれだけ増えても、上から順番に条件の判定が行われるのは変わりません。条件が成り立った場合、その条件に対応したブロック内の処理のみが実行される点を押さえておきましょう。

>>> if文の入れ子（ネスト）

以下のようにif文の中にif文を書くことも可能です。

```
if ( 条件① ) {
    if ( 条件② ) {
        条件①と条件②が成り立った場合の処理
    }
}
```

このようなif文をif文の**入れ子**（ネスト）と呼びます。上から順番に外側の条件から判定が行われます。書き方の1つとして押さえておいてください。

elseifを記述する場合は、それが増えることによって、プログラムが複雑に見えて見通しが悪くなると感じるかもしれません。

elseif に慣れないうちは、どこからどこまでが { } （ブロック）の囲みなのかを意識しながらプログラムを読んでいくようにしましょう。

まとめ

- **if文には、elseifによって分岐を追加できる**
- **if文は入れ子（ネスト）にすることができる**

第 4 章 制御文 - 分岐

4 もう1つの条件分岐 - switch

完成ファイル | 📁[php] → 📁[0404] → 📄[switch_comp.php]

予習 単純な比較による分岐方法

if文以外にも分岐処理を作るための **switch** 文があります。
ifやelseifでは、比較演算子によってより大きいや、それ以上を示す「>」「>=」、それ未満やそれ以下を示す「<」「<=」などの条件を指定できました。
一方、switchでは、式 (計算結果) や変数の値がどのような値と一致するかによって分岐させることができます。
ifやelseifで「==」を利用した条件の指定と考え方は同じです。

```
switch ( 式や変数 ) {
    case 値1 :
        値1のときの処理
        break;
    case 値2 :
        値2のときの処理
        break;
    default :
        すべて一致しない場合の処理
}
```

```
switch ( $value ) {
    case "A" :
        echo "Aが入力されました";
        break;
    case "B" :
        echo "Bが入力されました";
        break;
    default :
        echo "A、B以外が入力されました";
}
```

case の隣に一致する値を指定し、その後ろに「**:**」(コロン) を記述します。caseの囲み部分は、elseifと同様にいくつでも追記可能です。
default は、elseと同様に「すべて一致しない場合」に何をするかを記述する部分で、省略可能です。
枠の最後に書かれている「**break**」は「switch文を抜ける (終了する)」という処理を行います。言い換えると「break」は1つ1つの「case」の「区切り」を表しています。

「break」は省略もできますが、以下のような動作となりますので注意が必要です。

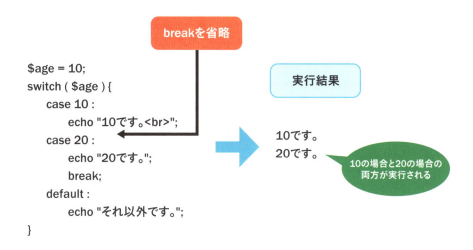

上記の例では、「break」がないため、「$age」の値は「10」にも関わらず、「20」の場合の処理も続けて実行されてしまいます。「10」と「20」の場合はあえて共通の処理を行いたいというときは、この書き方は有効です。

COLUMN　elseifとelse if

if文にさらに条件を追加する場合には、elseif文を使用しました。elseifはelse ifと間に半角スペースを入れて表記することも可能です。どちらも意味は変わりません。
また、if文は{}の代わりに:(コロン)を用いて記述することもできます。

```
if ($number > 100):
    echo "100より大きいです。";
elseif ($number > 80):
    echo "80より大きいです。";
else:
    echo "80以下です。";
endif;
```

上記のように:(コロン)使った場合のみ、else ifと表記をすると構文エラーとなります。特に使い分ける必要はありませんが、本書でも紹介している通り、普段はelseifを使うと良いでしょう。

体験 switchを使ってみよう

1 作業用ファイルを開く

エディタのツリービューで「0404」フォルダに「switch.php」「switch_comp.php」「input.php」があることを確認し、このうち作業用ファイルである「switch.php」をエディタで開きます❶。なお、「switch_comp.php」は完成済のファイルです。

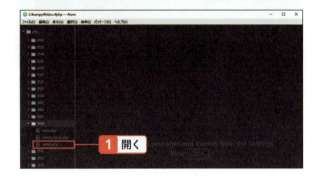

2 switch文を使った条件分岐を行うプログラムを記述する

switch文を使った条件分岐を行うプログラムを、HTMLコメントの「<!-- ここから -->」と「<!-- ここまで -->」の間に記述します❶。用意した変数「$value」を条件に、出力するメッセージが分岐するswitch文を記述します。プログラムを記述したあとは上書き保存してください。

```php
15: <?php
16: $value = "A";
17: switch ( $value ) {
18:   case "A":
19:     echo "Aが入力されました";
20:     break;
21:   case "B":
22:     echo "Bが入力されました";
23:     break;
24:   case "":
25:     echo "何も入力されていません";
26:     break;
27:   default:
28:     echo "A、B以外が入力されました";
29:     break;
30: }
31: ?>
```

❸ ファイルをWebブラウザで開く（switch.php）

「http://localhost/php/0404/switch.php」をWebブラウザのURLに指定しアクセスします❶。「$value」の値が「"A"」であるため、その値による分岐の結果が出力されます。

❶「http://localhost/php/0404/switch.php」と入力する

分岐の結果が出力される

❹ 入力した値で判断するプログラムに変更する

「switch.php」の一部を変更します。❷で入力したプログラムのうち、「$value = "A";」の先頭に「// 」を追加し❶、その下に「$value = $_POST["inputVal"];」を追加します❷。これによって、input.phpで入力された値を受け取って、条件を判断するようになります。プログラムを記述したあとは上書き保存してください。

```php
15: <?php
16: // $value = "A";
17: $value = $_POST["inputVal"];
18: switch ( $value ) {
19:   case "A":
20:     echo "Aが入力されました";
21:     break;
22:   case "B":
23:     echo "Bが入力されました";
24:     break;
25:   case "":
26:     echo "何も入力されていません";
27:     break;
28:   default:
29:     echo "A、B以外が入力されました";
30:     break;
31: }
32: ?>
```

❶ コメントにする
❷ 入力する

4-4　もう1つの条件分岐 - switch

5 ファイルをWebブラウザで開く

「http://localhost/php/0404/input.php」をWebブラウザのURLに指定し 1 、値を入力して 2 、送信ボタンをクリックしてアクセスします 3 。編集したファイルは「switch.php」ですが、今回は2つのファイルで構成されています。始めにアクセスするのは「input.php」です。そのページ内に入力欄に文字を入力することで「switch.php」へ遷移し、入力された値による分岐結果が出力されます。

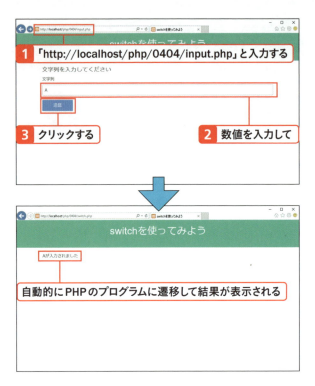

理解 ifとswitchの違い

[体験]のswitch文は、分岐を4つ持っています。「break」による区切りによって4つのブロックができている点を確認しましょう。処理の流れはif文でelseifを組み合わせた場合と変わりません。

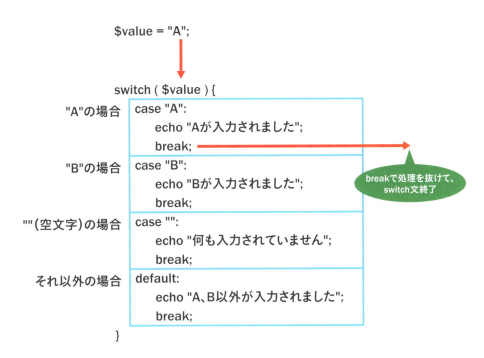

[体験]のプログラムで数値ではなく、文字列の比較をしています。文字列では「>」や「<」などの比較はできないので、等しいか等しくないかのみの比較になります。

>>> 空文字とは

```
case "":
    echo "何も入力されていません";
    break;
```

上記の「""」は空文字と呼ばれる何もない文字列のデータです。
例えば、入力画面で未入力のまま、送信ボタンを押した場合には空文字のデータが送信先に

渡されます。

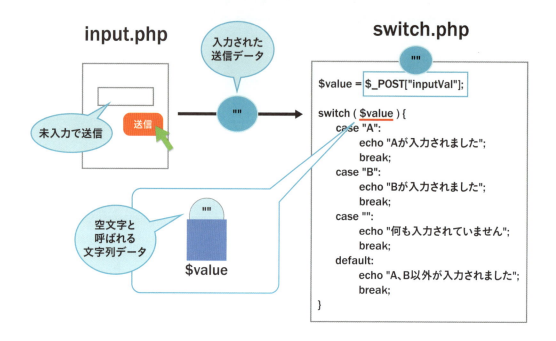

未入力の場合の条件を作りたい場合に利用するので、文字列の1つとして覚えておきましょう。

▶▶▶ if文で置き換えた場合

今回のswitch文をif文に書き換えた場合は以下のようになります。

```
if ( $value == "A" ) {
    echo "Aが入力されました";
} elseif ( $value == "B" ) {
    echo "Bが入力されました";
} elseif ( $value == "" ) {
    echo "何も入力されていません";
} else {
    echo "A、B以外が入力されました";
}
```

どちらも結果は変わりません。条件部分が見やすいほうを選択すると良いでしょう。「==」のように単純な比較の場合は、switch文という選択肢があることを知っておきましょう。

COLUMN　switch文の比較

switch文では、「==」を使った比較が行われます。よって、以下のケースでは処理の結果は「1です。」が表示されます。

```
$value = "1";
switch($value){
    case 1:
        echo "1です。";
        break;
    default:
        echo "1以外です。";
        break;
}
```

「$value」に格納されている値は、文字列の「"1"」ですので、「case 1」の条件が成り立った場合の処理が実行されています。つまり、厳密にデータ型まで比較しているのではなく、単に「==」による比較が行われています。
switch文で「===」を使った厳密なデータ型の比較を使う書き方をできないことはありませんが、厳密にデータ型の比較まで行いたい場合は、if文を使うと良いでしょう。

まとめ

- **switch文は、if文で「==」を使った比較と同じ分岐処理ができる**
- **switch文では、「case」を使って分岐処理を記述する**
- **switch文では、「break」が実行されると、switch文の処理を抜けることができる**

第4章 練習問題

■**問題1**

次の文章の穴を埋めよ。

> プログラムでは処理を分岐させるために条件が必要となる。その条件が成り立つ場合は ① 、成り立たない場合は ② という論理値によって表現する。条件は比較演算子によって作ることができる。左辺と右辺が等しいかどうかを比較する場合は ③ 、左辺と右辺が等しくないかどうかを比較する場合は ④ を使う。

ヒント 4-1

■**問題2**

次のプログラムが実行されると、Webブラウザに何が表示されるか答えなさい。

```php
<?php
    $language = 80;
    $english = 70;
    $mathematics = 50;
    $total = $language + $english + $mathematics;

    if($total >= 240  ){
        $result = "A";
    }elseif($total >= 180 ){
        $result = "B";
    }else{
        $result = "C";
    }
    echo "テストの結果は" . $result . "ランクです。";
?>
```

ヒント 4-3

処理を繰り返そう

5-1　繰り返し処理

5-2　もう1つの繰り返し

5-3　繰り返しを中断・スキップ
　　　- 繰り返しと分岐の組み合わせ

>>> 第5章　練習問題

第5章 処理を繰り返そう

繰り返し処理

完成ファイル ┃ [php] → [0501] → [for_comp.php]

 繰り返し処理とは

繰り返し処理とは、決められた内容の処理を指定した回数分実行する処理のことです。たとえば、以下のような処理が繰り返し処理にあたります。

- "PHP"という文字列を5回表示したい
- $iという変数に1を10回足したい

たとえ繰り返しの回数が少なかったとしても、同じ処理を何度も記述してはいけません。というのも、後で繰り返す回数や処理内容に変更が生じてプログラムを書き直すことになったとき、修正が大変になるためです。
さらに同じ処理を100回、1000回繰り返すとなると、それらをいちいち書くのも大変ですし、プログラムも長くなるので読みづらくなります。
そこで、繰り返す処理内容や回数を簡潔にまとめてくれる構文の1つが**for**文です。
for文は以下のようになっています。

```
for （ ①最初の準備 ； ②繰り返しの条件 ； ③繰り返し後の処理 ） {
    繰り返したい処理
}
```

()の中は「;」(セミコロン)で区切り、①〜③の3つの処理を記述していきます。それぞれの処理内容は以下の表の通りです。

手順	内容	説明
①	最初の準備	繰り返す回数を管理する変数(カウント変数と呼びます)に初期値(最初に入れる値)を代入します。
②	繰り返しの条件	この条件が成り立つ場合に、繰り返したい処理を実行します。
③	繰り返し後の処理	カウンタ変数の値を変化させる処理を行います。

for文では、カウンタ変数に「$i」(「index」や「integer」の頭文字を示す)がよく利用されますが、変数名を何に設定してもかまいません。
簡単なサンプルを元に、基本的な流れを確認しましょう。

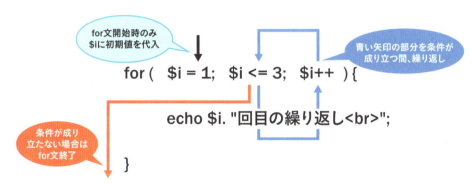

for文は単純に処理だけを繰り返しているわけではありません。繰り返すために必要な回数のカウント処理も一緒に行っています。
それでは、実際にプログラムを作成し、処理の流れを確認してみましょう。

体験 forを使ってみよう

1 作業用ファイルを開く

エディタのツリービューで「0501」フォルダに「for.php」「for_comp.php」があることを確認し、このうち作業用ファイルである「for.php」をエディタで開きます①。なお、「for_comp.php」は完成済のファイルです。

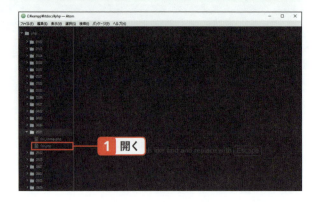

2 繰り返し処理を行うプログラムを記述する（for）

5回分の繰り返し処理を行うfor文のプログラムを、1つ目の「<!-- ここから -->」～「<!-- ここまで -->」の間に記述します①。プログラムを記述したあとは上書き保存してください。

```
15: <?php
16: for ( $i = 1; $i <= 5; $i++ ) {
17:     echo "カウンタ変数:". $i. "<br>";
18: }
19: ?>
```

3 ファイルをWebブラウザで開く

「http://localhost/php/0501/for.php」をWebブラウザのURLに指定しアクセスします①。繰り返された処理結果が出力されます。

④ HTMLのリストを5回分出力するプログラムを追加する

「for.php」にプログラムを追加します。2つ目の「<!-- ここから -->」～「<!-- ここまで -->」の間に記述します❶。ここでは、HTMLのリストを5回分出力するfor文を記述します。
プログラムを記述したあとは上書き保存してください。

```php
21:    <?php
22:    for ( $i = 0; $i < 5; $i++ ) {
23:      echo "<li>";
24:      echo $i;
25:      echo "</li>";
26:    }
27:    ?>
```

❶ 入力する

⑤ ファイルを再びWebブラウザで開く

「http://localhost/php/0501/for.php」をWebブラウザのURLに指定しアクセスします❶。すでに開いている場合はWebブラウザを更新（F5 を実行）してください。繰り返された処理結果が出力されます。

❶「http://localhost/php/0501/for.php」と入力する

繰り返しの処理結果が出力される

5-1 繰り返し処理

理解 **forでの処理の流れ**

[体験]で1つ目に出てくるfor文は、5回の繰り返し処理を実行するプログラムです。

```
for ( $i = 1; $i <= 5; $i++ ) {
    echo "カウンタ変数：". $i. "<br>";
}
```

繰り返しが6回目になったとき、条件チェックがFalseになり、処理が終了します。

繰り返し回数	$iの値	$i <= 5の 条件チェック	実行結果
1回目	1	true	「カウンタ変数：1 」を出力
2回目	2	true	「カウンタ変数：2 」を出力
3回目	3	true	「カウンタ変数：3 」を出力
4回目	4	true	「カウンタ変数：4 」を出力
5回目	5	true	「カウンタ変数：5 」を出力
6回目	6	false	for文終了

カウンタ変数「$i」は、{ }で囲まれたブロック内の処理で利用できます。繰り返す上限はいくつであってもかまいません。
また、以下のように記述すると、表示される結果が変わります。

```
for ( $i = 1; $i <= 5; $i += 2 ) {
    echo "カウンタ変数：". $i. "<br>";
}
```

ここでポイントとなるのは「$i += 2」の部分です。繰り返し後の処理で、「$i」に「2」が加算されることによって、表示結果も以下のように変わります。

繰り返し回数	$iの値	$i <= 5の条件チェック	実行結果
1回目	1	true	「カウンタ変数：1 」を出力
2回目	3	true	「カウンタ変数：3 」を出力
3回目	5	true	「カウンタ変数：5 」を出力
4回目	7	false	for文終了

このように、繰り返しで利用する以下の3つの処理ではさまざまな組み合わせが可能です。

①最初の準備
②繰り返し条件
③繰り返し後の処理

次に、以下のように繰り返し処理内にあるタグの表示を繰り返す個所を見ていきましょう。

```
for ( $i = 0; $i < 5; $i++ ) {
    echo "<li>";
    echo $i;
    echo "</li>";
}
```

「$i」の初期値は「0」になっています。このように、整数であれば初期値は何にしてもかまいません。また「<ul>」タグと「<li>」タグを組み合わせると、HTMLでは箇条書きを表現できます。箇条書きの部分になる「<li>」タグは、繰り返しと組み合わせて、必要な分だけ出力させることが可能です。

繰り返し文を利用する目的は、似たような処理を効率良く記述することです。さまざまなプログラムで確認していくようにしましょう。

まとめ

- **for文によって繰り返す処理を書くことができる**
- **for文では3つの処理（①最初の準備・②繰り返し条件・③繰り返し後の処理）の組み合わせで繰り返す回数を指定する**

第5章 処理を繰り返そう

2 もう1つの繰り返し

完成ファイル｜[php] → [0502] → [while_comp.php]

 予習 繰り返す回数を指定しない繰り返し処理

5-1で解説したfor文に対し、具体的な繰り返し回数を明記しない構文が**while**文です。

```
while （ 条件 ） {
    繰り返したい処理
}
```

while文の()内にはif文と同様に条件を記述します。for文との違いは、条件を指定している部分のみで、それ以外は同じと考えてください。
この違いによって、for文では繰り返す回数があらかじめ決められていますが、while文の場合はプログラムの内容を確認するか、または実際にプログラムを動作させないと繰り返す回数がわかりません。

以下の図でwhile文の基本的な処理の流れについて確認していきましょう。

```
$i = 1;
while ( $i <= 5 ) {
    echo $i. "回目の繰り返し<br>";
    $i++;
}
```

- while文のための変数を用意
- 青い矢印の部分を条件が成り立つ間、繰り返し
- 条件が成り立たない場合はwhile文終了

繰り返し回数	$iの値	$i <= 5の条件チェック	実行結果
1回目	1	true	「1回目の繰り返し 」が出力
2回目	2	true	「2回目の繰り返し 」が出力
3回目	3	true	「3回目の繰り返し 」が出力
4回目	4	true	「4回目の繰り返し 」が出力
5回目	5	true	「5回目の繰り返し 」が出力
6回目	6	false	while文終了

この図からわかるように、while文では、条件が成り立つ間は、ずっと繰り返し処理を行い続けます。「ずっと」ということは、条件によっては永久に繰り返しを行う処理も可能です（無限ループと呼ばれます）

先ほどの図の場合は、ブロック内の処理において「$i++」が最後に実行されています。1度処理を繰り返すたびに「$i」に1が加算されているため、いずれ条件は成り立たなくなり、while文が終了します。

このようにwhile文でプログラムを書く場合は、いずれ処理が終わるように組み立てないと、無限ループが発生してしまい、いつまでたっても処理が終了しない可能性がありますので注意してください。

体験 whileを使ってみよう

1 作業用ファイルを開く

エディタのツリービューで「0502」フォルダに「while.php」「while_comp.php」があることを確認し、このうち作業用ファイルである「while.php」をエディタで開きます❶。なお、「while_comp.php」は完成済のファイルです。

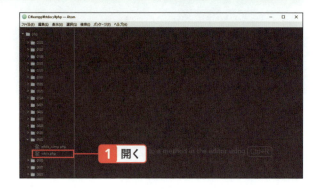

2 繰り返し処理を行うプログラムを記述する（while）

5回分の繰り返し処理を行うwhile文のプログラムを1つ目の「<!-- ここから -->」〜「<!-- ここまで -->」の間に記述します❶。実行時には、5回分の「$i」の値を出力します。プログラムを記述したあとは上書き保存してください。

```
15: <?php
16: $i = 1;
17: while ( $i <= 5 ) {
18:     echo $i. "回目の繰り返し<br>";
19:     $i++;
20: }
21: ?>
```

3 ファイルをWebブラウザで開く

「http://localhost/php/0502/while.php」をWebブラウザのURLに指定しアクセスします❶。繰り返された処理結果が出力されます。

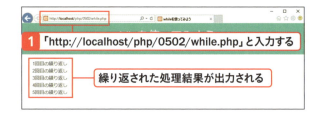

4 HTMLテーブルを出力するプログラムを追加する

「while.php」にプログラムを追加します。2つ目の「<!-- ここから -->」〜「<!-- ここまで -->」の間に記述します❶。ここではHTMLのテーブルを5回分出力するfor文を追加しています。

プログラムを記述したあとは上書き保存してください。

❶ 入力する

```
23:    <?php
24:    $i = 1;
25:    while ( $i <= 5 ) {
26:      echo "<tr>";
27:      echo "<td>". $i. "回目の繰り返し</td>";
28:      echo "</tr>";
29:      $i++;
30:    }
31:    ?>
```

5 ファイルを再びWebブラウザで開く

「http://localhost/php/0502/while.php」をブラウザのURLに指定しアクセスします❶。すでにWebブラウザを開いている場合は更新（F5 を実行）してください。繰り返された処理結果が出力されます。

❶ 「http://localhost/php/0502/while.php」と入力する

繰り返された処理結果が出力される

5-2 もう1つの繰り返し

理解 | whileでの処理の流れ

[体験] のプログラムでは、以下のようにあらかじめ変数「$i」に「1」を代入し、while文を実行する準備を行っています。
for文と書き方は異なりますが、実行したいことは一緒です。

```
$i = 1;
while ( $i <= 5 ) {
    echo $i. "回目の繰り返し<br>";
    $i++;
}
```

例えば「$i++;」の部分を「$i += 2;」に変更すると、処理を繰り返す回数も3回に変更になります。

>>> 無限ループとは

先ほどのプログラムを以下のように変更した場合、**無限ループ**が発生します。

```
$i = 1;
while ( $i <= 5 ) {
    echo $i. "回目の繰り返し<br>";
}
```

この場合、「$i」が「1」のままで値が変わらず、次の行にある条件「$i <= 5」の結果は常に「true」となるため、永久に処理が続くことになります。
ただし、無限ループは必ずしも実行してはいけない処理ではありません。例えば、Webページの入力欄に正解が入力されたら、次のステップに進めるテストがあったとします。
このテストでは、ユーザーが正解を入力するまで、繰り返し回答を入力してもらう必要があります。つまり、正解を入力するまで、ひたすらやり直しをさせるテストということです。
このようなケースでは、あえて無限ループを使用する場合もあるかもしれません。
また、それとは別に、何度か入力を間違えたらテスト自体を終了させたい場合は、無限ループを終了させるしくみが必要になります。

COLUMN 無限ループを発生させる書き方

while文において、以下のような書き方をすると無限ループとなり、いつまでも処理が終わらなくなります。

```
while(true) {
    処理
}
```

条件に「true」を入れると、繰り返しの条件は常に成り立っている状態になります。実際にこのようなプログラムを動作させると、プログラムを強制終了させるしかありません。ただし、PHPでは、30秒経過しても処理が終了しない場合は、プログラムを自動的に終了させる機能がデフォルトで設定されていますので、強制終了せずにプログラムを終了させられます。

まとめ

- **while文によって繰り返す処理を書くことができる**
- **while文で、繰り返す回数を指定したい場合は、for文のようにカウンタ変数を利用する**
- **永久に繰り返しが続く処理を、無限ループと呼ぶ**

第 5 章 処理を繰り返そう

3 繰り返しを中断・スキップ - 繰り返しと分岐の組み合わせ

完成ファイル | [php] → [0503] → [forif_comp.php]

予習 条件によって繰り返しを中断・スキップする

5-1ではfor文、5-2ではwhile文について解説しました。これらをif文と組み合わせると、繰り返しを中断させることが可能です。例えば、以下のような場合に使用したりします。

- 3本先取のじゃんけんを繰り返し実行していたが、4戦目で勝負がついた場合
- パスワードを2回続けて間違えたが、3回目で成功した場合

これらの例で繰り返しを途中で中断させる場合は、以下のキーワードを利用します。

```
break;
```

「break」はswitch文でも登場したキーワードです。実行することは変わらず、処理（繰り返し文）を抜けるという動きをします。
繰り返しの途中の処理をスキップ（飛ばす）したい場合は、以下のキーワードを利用します。

```
continue;
```

「break」や「continue」だけでは、どのタイミングで中断をするかを決めることはできません。そこで、繰り返し文の中でif文を使います。if文の条件によって決まったタイミングで中断やスキップを実行することが可能です。

```
for ( $i = 1; $i <= 5; $i++ ) {

    //繰り返したい処理

    if ( $i == 3 ) {
        break;
    }

}
```

> $iが3の場合にfor文を抜ける！

COLUMN ネストされた繰り返し文での中断・スキップ

繰り返し文もif文と同様に入れ子にすることが可能です。
繰り返し文が入れ子（ネスト）になっている場合はbreakやcontinueはどのように動作するのでしょうか。
以下のようにfor文を入れ子にした場合、breakによって中断される繰り返し文はbreakが含まれる、内側のfor文のみとなります。

```
// 外側の繰り返し
for ($i = 0; $i < 10; $i++) {
    // 内側の繰り返し
    for ($j = 0; $j < 10; $j++) {
        if ($j == 5) {
            break;
        }
    }
}
```

continueも同様です。中断・スキップは、breakやcontinueが含まれているfor文に作用することを知っておきましょう。

forループを中断・スキップさせよう

1 作業用ファイルを開く

エディタのツリービューで「0503」フォルダに「forif.php」「forif_comp.php」があることを確認し、このうち作業用ファイルである「forif.php」をエディタで開きます❶。なお、「forif_comp.php」は完成済のファイルです。

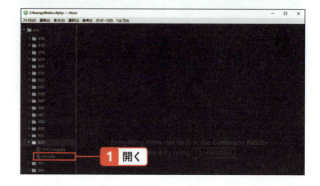

2 繰り返しを中断する処理を記述する

繰り返しの途中で「break」によって繰り返しを中断する処理を1つ目の「<!-- ここから -->」～「<!-- ここまで -->」の間に記述します❶。ここでのfor文は10回の繰り返しを行う条件になっていますが、「$i == 5」の場合に繰り返しが中断されます。
プログラムを記述したあとは上書き保存してください。

```
15: <?php
16: for ( $i = 1; $i <= 10; $i++ ) {
17:     if ( $i == 5 ) {
18:         break;
19:     }
20:     echo $i. "回目の繰り返し<br>";
21: }
22: ?>
```

3 ファイルをWebブラウザで開く

「http://localhost/php/0503/forif.php」をWebブラウザのURLに指定しアクセスします❶。変数「$i」に「5」が入ったときに処理が中断されますので、それまで(1回目～4回目)の繰り返し結果が出力されます。

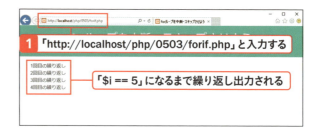

4 繰り返しをスキップするプログラムを追加する

「forif.php」にプログラムを追加します。2つ目の「<!– ここから –>」〜「<!– ここまで –>」の間に記述します **1**。繰り返しの途中で、「continue」によって繰り返しをスキップする処理を記述します。for文は10回の繰り返しを行う条件になっていますが、「$i == 5」の場合のみ、繰り返しがスキップされます。プログラムを記述したあとは上書き保存してください。

1 入力する

```php
<?php
for ( $i = 1; $i <= 10; $i++ ) {
    if ( $i == 5 ) {
        continue;
    }
    echo $i. "回目の繰り返し<br>";
}
?>
```

5 ファイルを再びWebブラウザで開く

「http://localhost/php/0503/forif.php」をWebブラウザのURLに指定しアクセスします **1**。すでに開いている場合はWebブラウザを更新(F5を実行)してください。最初の繰り返しは5回目の繰り返しで中断、2つ目の繰り返しは5回目の繰り返しだけスキップしている処理結果が出力されます。

1「http://localhost/php/0503/forif.php」と入力する

繰り返しをスキップした結果が出力される

理解 繰り返しの中断とスキップの違い

>>> 繰り返しの中断

「break」を利用しているのは、【体験】のプログラムの以下の個所となります。

```
for ( $i = 1; $i <= 10; $i++ ) {
    if ( $i == 5 ) {
        break;
    }
    echo $i. "回目の繰り返し<br>";
}
```

ここでは、if文の条件は「$i == 5」となっています。本来このfor文は「1」から「10」まで10回の繰り返しを行う予定でした。しかし、「$i」が「5」になったときにifブロック内の処理が実行されます。

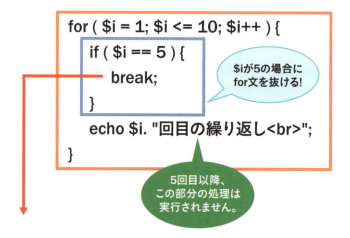

繰り返し文の中に「break」がある場合は、「すぐ外側の繰り返し文を抜ける」という処理を行います。ifブロック内から見て「すぐ外側の繰り返し文」とはfor文のブロックを指します。よって、「break」が実行されるとfor文はそこで終了します。

>>> 繰り返しのスキップ

続いて、「continue」を利用しているのは、**[体験]** のプログラムの以下の個所となります。

```
for ( $i = 1; $i <= 10; $i++ ) {
    if ( $i == 5 ) {
        continue;
    }
    echo $i. "回目の繰り返し<br>";
}
```

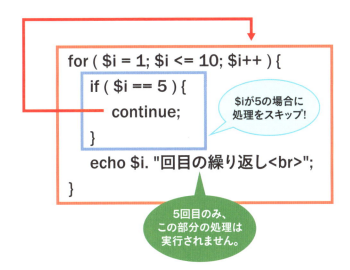

「continue」は繰り返し処理のスキップを行います。上記の場合、「$i == 5」の場合のみ「continue」が実行され、次の繰り返しに処理が飛びます。よって、以下の実行結果が出力されていないことを確認しましょう。

5回目の繰り返し

>>> 利用場所によって結果が異なる

「break」や「continue」は、繰り返し文と一緒に使うキーワードです。繰り返し文の中であれば、どこでも使用できます。では、以下のケースの場合は先ほどの処理結果と何が変わってくる

でしょうか。

```
for ( $i = 1; $i <= 10; $i++ ) {
    echo $i. "回目の繰り返し<br>";
    if ( $i == 5 ) {
        break;
    }
}
```

違いは、「break」処理を含むif文を書いている場所です。「echo」で出力してからif文に入るため、繰り返し文を抜けるのは、5回目の処理が終わったあとになります。
書き方によって、処理の違いは出てきますが、順を追って読めるように、今までのプログラムを見直してみてください。

>>> while文でのbreakとcontinue

[体験]のプログラムでは、for文内で「break」と「continue」を使いましたが、while文でも同様に使うことは可能です。
以下のプログラムでは、while文の無限ループと「break」「continue」を組み合わせています。

```
$i = 0;
while(true){
    $i++;
    if ($i == 3) {
        continue;
    }
    echo $i. "回目の繰り返し<br>";
    if ($i == 5) {
        break;
    }
}
```

while文の条件は「true」となっているため、繰り返しの条件は常に成り立っています。このままでは、いつまでたっても終わらない繰り返し文ですが、「$i == 3」の場合は「continue」、「$i == 5」の場合は「break」が実行されます。

繰り返される処理の最初では「$i++」が実行されているため、「$i」は1ずつ加算されていき、実行結果は以下のようになります。

```
1回目の繰り返し
2回目の繰り返し
4回目の繰り返し
5回目の繰り返し
```

この結果から、3回目の繰り返しでは処理がスキップされ、5回目の繰り返しでは処理が終了していることがわかります。

このように、for文であっても、while文であっても、「break」や「continue」は同じように処理されますし、併用もできます。

まとめ

- 「**break**」は繰り返し文を中断させる
- 「**continue**」は繰り返し文を一部スキップする

第5章 練習問題

■**問題1**

次のプログラムを実行すると、

```
<?php
    for ( ①  = ②  ; ③  < ④  ; ⑤  ) {
        echo ⑥ . "回目の繰り返し<br />";
    }
?>
```

以下のように表示されるとする。

　　1回目の繰り返し
　　2回目の繰り返し
　　3回目の繰り返し

次の選択肢からプログラムの穴を埋めて完成させなさい。

Ⓐ $i　Ⓑ $i++　Ⓒ $i--　Ⓓ 0　Ⓔ 1　Ⓕ 3　Ⓖ 4

ヒント 5-1

■**問題2**

練習問題1と同様の出力結果となるプログラムをwhile文を使って完成させなさい。
ヒント 5-2

配列でデータを管理する

6-1 配列を使ってみよう

6-2 配列と繰り返しの組み合わせ

6-3 チェックボックスと配列の関係

6-4 キーで管理する連想配列

>>> 第6章 練習問題

第6章 配列でデータを管理する

1 配列を使ってみよう

完成ファイル | [php] → [0601] → [answer_comp.php]

 配列とは

たくさんのデータを効率良く管理したい際に役立つのが**配列**です。1つの変数には1つのデータしか代入できません。たくさんの変数を用意する場合は、その数分の変数名を考える必要があります。

配列を使用すると、以下のように1つの名前を用意しておけば、複数のデータをまとめることができます。

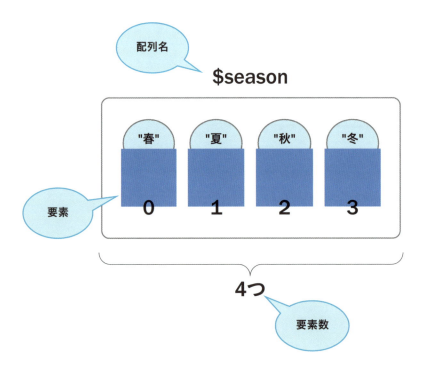

配列に格納された値を**要素**、配列を構成する要素の数を**要素数**と呼びます。それぞれの要素を利用するには、以下のように各要素が存在する場所を表す**添え字**（インデックス）が必要です。

配列名 [添え字]

添え字は、先頭が「0」から始まる点に注意してください。例えば、四季を配列で表現した場合は、以下のようになります。

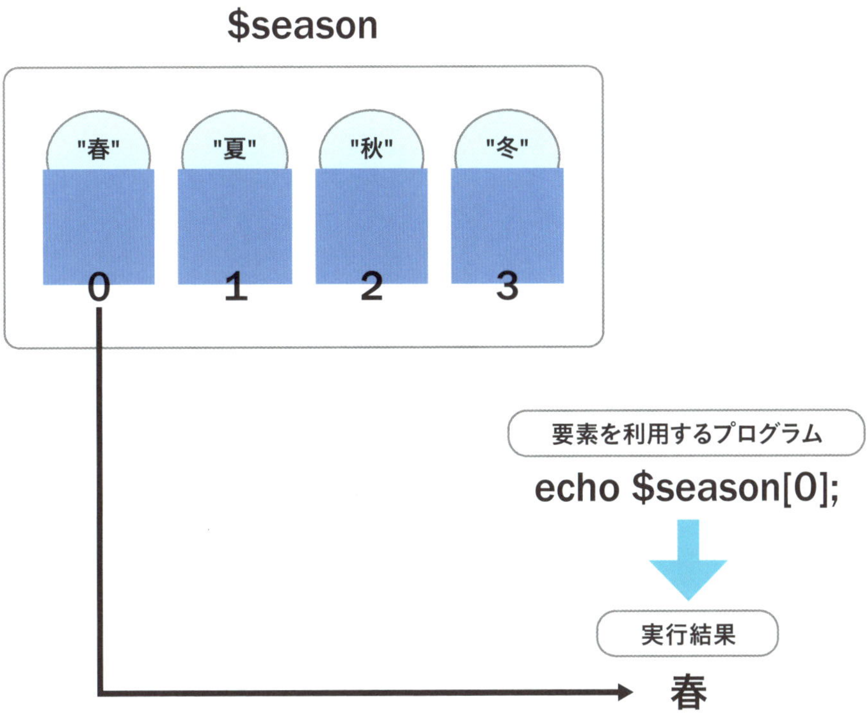

$season

| "春" | "夏" | "秋" | "冬" |
| 0 | 1 | 2 | 3 |

要素を利用するプログラム

echo $season[0];

実行結果

春

6-1 配列を使ってみよう

体験 配列を使ってみよう

1 作業用ファイルを開く

エディタのツリービューで「0601」フォルダに「array.php」「array_comp.php」があることを確認し、このうち作業用ファイルである「array.php」をエディタで開きます❶。なお、「array_comp.php」は完成済のファイルです。

2 配列のうち1つを出力するプログラムを記述する

データ受け取りを表示する部分を、「<!-- ここから -->」～「<!-- ここまで -->」の間に記述します❶。ここでは「春」「夏」「秋」「冬」という4つの要素からなる配列を用意して、添え字が「0」の要素を出力させる処理しています。
プログラムを記述したあとは上書き保存してください。

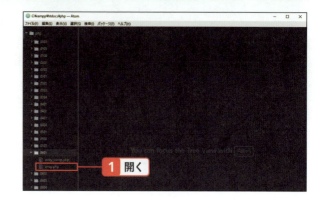

```
15: <?php
16: $season = [ "春", "夏", "秋", "冬" ];
17:
18: echo $season[0];
19: ?>
```

3 ファイルをWebブラウザで開く

「http://localhost/php/0601/array.php」をブラウザのURLに指定しアクセスします❶。指定した配列の要素が出力されます。

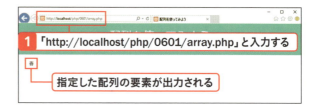

理解 配列のメリットとデメリット

>>> 配列の定義

[体験]でのプログラムにおいて、配列を定義（用意）している処理は以下の個所となります。

```
$season = [ "春", "夏", "秋", "冬" ];
```

「$season」には、「春」「夏」「秋」「冬」という4つの要素を持つ配列を定義しています。ここでは、「"春"」という文字列を利用するために、添え字に「0」を使って、配列から要素を指定しています。

```
echo $season[0];
```

「冬」を出力したい場合は、添え字に「3」を使って以下のように記述します。

```
echo $season[3];
```

[体験]でのプログラムのように、要素が4つある場合は、先頭の添え字が「0」ですので、最後の要素を指す添え字は「3」となります。
それでは、以下のように添え字として存在しない要素を利用しようとした場合はどうなるでしょうか。

```
echo $season[4];
```

「$season」には、添え字「4」のデータは存在していませんでした。よって、何も出力されませんが、PHPの設定によっては「Notice」と呼ばれる警告文が表示される場合があります。
存在しない要素を利用しないように、プログラムを記述する際には注意しておかなければなりません。

>>> 配列要素の追加

また、以下のように後から配列に要素を追加することも可能です。

```
$numbers = [1, 2, 3, 4];
$numbers[] = 5;
echo $numbers[4];
```

ここでは「配列名[] = 追加する要素」と記述し、「$numbers = [1, 2, 3, 4];」という配列に、追加する要素「5」を配列の最後に記述しています。

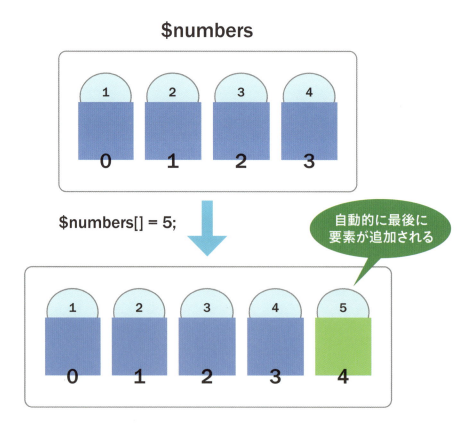

このようにプログラムの途中で、配列の要素数を変更することが可能です。

⟫⟫ 複数データを1つの名前でまとめる

配列のメリットとして、複数データを1つの名前でまとめられることが挙げられます。かつ、先ほどの例のように文字列を格納するだけでなく、以下のようにさまざまなデータを配列として格納することも可能です。

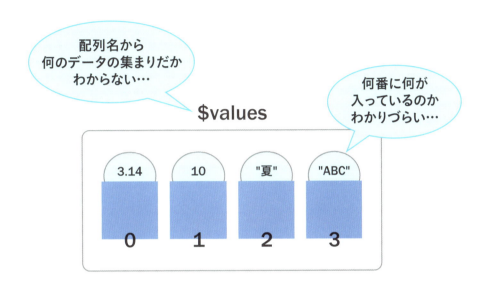

ただし、これは一見メリットのように見えますが、データの形が異なるため管理がしづらくなるというデメリットになります。

データをまとめる際は、関連性があるデータを配列にするようにしましょう。

まとめ

- 複数のデータを、1つの名前でまとめたものを配列と呼ぶ
- 配列を用意するには、[] 内にデータを「,」（カンマ）区切りでまとめる。配列名は変数名と同様に指定して、「=」によって用意した配列を代入する
- 配列には、「配列名 [] = 追加したい要素」によって配列の最後に要素を追加することができる

第6章 配列でデータを管理する

2 配列と繰り返しの組み合わせ

完成ファイル | [php] → [0602] → [combination_comp.php]

 予習 繰り返しながら配列を利用する

6-1で解説したように、配列自体は非常に便利な機能を持っています。ただし、要素数が増えすぎてしまうと、以下のように各要素を続けて利用する際、プログラムが冗長（長く無駄がある）になってしまいます。

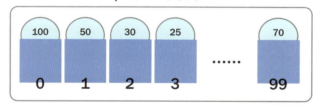

```
echo $numbers[0];
echo $numbers[1];
echo $numbers[2];
echo $numbers[3];
echo $numbers[4];
echo $numbers[5];
echo $numbers[6];
    ⋮
echo $numbers[99];
```

すべてを表示すると100行分のプログラム!!

これを解消するには、**第5章**で解説した繰り返し文（for文やwhile文）を利用します。繰り返す回数を指定できるfor文を使用した例は以下の通りです。
ここでは、for文の変数「$i」の初期値を「0」としています。「0」は配列先頭の添え字と同じ数です。繰り返しながら各要素の添え字を「$i」によって指定することができます。よって、各要素を先頭から順番に利用することが可能です。

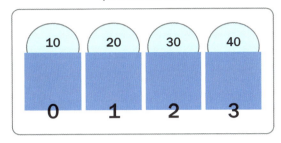

```
$numbers = [10, 20, 30, 40];

for ( $i = 0; $i <= 3; $i++ ) {
    echo $numbers[$i]. "<br>";
}
```

繰り返し回数	$iの値	$numbers[$i]の値
1回目	0	10
2回目	1	20
3回目	2	30
4回目	3	40

また foreach 文と呼ばれる、配列との連携に適した繰り返し文があります。書式は以下の通りです。

```
foreach ( 配列 as 各要素の添え字が代入される変数 => 各要素の値が代
入される変数 ) {
    繰り返したい処理
}
```

foreach 文は、for 文のようにカウンタ変数を持ちません。配列の要素数分だけ、勝手に繰り返しを実行してくれる繰り返し文です。
実際に作成して、処理の流れを見ていきましょう。

体験 繰り返しと配列を組み合わせよう

1 作業用ファイルを開く

エディタのツリービューで「0602」フォルダに「combination.php」「combination_comp.php」があることを確認し、このうち作業用ファイルである「combination.php」をエディタで開きます❶。なお、「combination_comp.php」は完成済のファイルです。

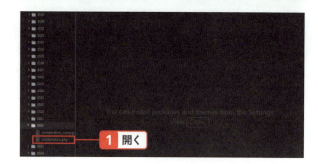

2 繰り返しの要素を出力するプログラムを記述する

4つの要素を持つ「$numbers」を用意し、for文と組み合わせることで、すべての要素を出力させる処理を行うfor文のプログラムを、「<!-- ここから -->」〜「<!-- ここまで -->」の間に記述します❶。
プログラムを記述したあとは上書き保存してください。

```php
15: <?php
16: $numbers = [10, 20, 30, 40];
17:
18: for ( $i = 0; $i <= 3; $i++ ) {
19:     echo $numbers[$i]. "<br>";
20: }
21: ?>
```

3 ファイルをWebブラウザで開く

「http://localhost/php/0602/combination.php」をWebブラウザのURLに指定してアクセスします❶。繰り返し結果が出力されます。

④ 配列に組み合わせるforeach文のプログラムを追加する

「combination.php」にプログラムを追加します。②で記述したプログラムの中で、for文のあとに同様の配列をforeach文と組み合わせる処理を追加します❶。

プログラムを記述したあとは上書き保存してください。

```php
foreach ($numbers as $key => $value) {
    echo "添字". $key. "番は";
    echo $value. "です。<br>";
}
```

❶ 入力する

⑤ ファイルを再びWebブラウザで開く

「http://localhost/php/0602/combination.php」をWebブラウザのURLに指定しアクセスします❶。

すでに開いている場合はWebブラウザを更新してください。繰り返し結果が出力されます。

❶「http://localhost/php/0602/combination.php」と入力する

繰り返し結果が出力される

6-2 配列と繰り返しの組み合わせ 153

理解 forとforeachの違い

>>> for文と配列の組み合わせ

[体験]のプログラムでは、最初に以下のような配列を用意していました。

```
$numbers = [10, 20, 30, 40];
```

この配列の要素数は4です。よってすべての要素を出力する場合は、4回出力処理を行う必要があります。
[体験]ではfor文を使用して以下のように記述しています。

```
for ( $i = 0; $i <= 3; $i++ ) {
    echo $numbers[$i]. "<br>";
}
```

「$i = 0;」にある通り、添え字を表す変数「$i」の初期値は「0」です。「$i」は「$i++」とある通り、1回の繰り返し処理ごとに1ずつ加算されます。
「$i <= 3」はいつまで繰り返しを行うかの条件でした。配列最後の添え字は「3」であるため、「$i」が3以下の間は繰り返しが行われています。

>>> foreach文と配列の組み合わせ

続いて、foreach文を使用した配列の添え字と要素を表示するプログラムを見ていきましょう。

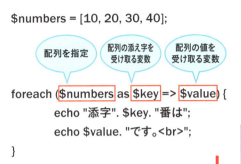
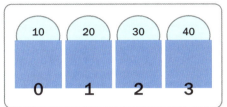

foreach文の場合は、「$i」のようにカウンタ変数を使用しません。foreach文に配列を渡すことによって、自動的に配列の要素数分だけ繰り返しを実行しています。

```
foreach ($numbers as $key => $value) {
```

foreachの()内には、「as」キーワードを挟んで左側に配列、右側には「$key => $value」というように、添え字と値の組み合わせを受け取るための変数を用意します。
「$key」や「$value」には任意の変数名を使えますので、必ずこの変数名である必要はありません。先ほどの図内の表にあるように、繰り返す回数ごとに「$key」と「$value」の各値が自動的に変化していきます。そして、for文と同様に、配列の要素数分の処理が終了したらforeach文を終了します。for文とは異なり、配列の要素数を意識しなくても、繰り返しを実現できるのがforeach文の特徴ですので覚えておいてください。

まとめ

- 配列は繰り返し文と組み合わせることで、効率良くすべての要素を利用できる
- foreach文はカウンタ変数を利用せずに、自動的に配列の要素数分繰り返しを実行する

チェックボックスと配列の関係

完成ファイル | [php] → [0603] → [checkbox_comp.php]

予習 チェックボックスからデータを送る

チェックボックスは、アンケートページなどでよく使われる複数項目の選択が可能な形式です。ユーザがチェックボックスでチェックした項目数分のデータがサーバへのリクエスト時に送信されます。
このとき、チェックされる数はユーザによって変わる可能性があります。それに臨機応変に対応するために配列が利用されます。

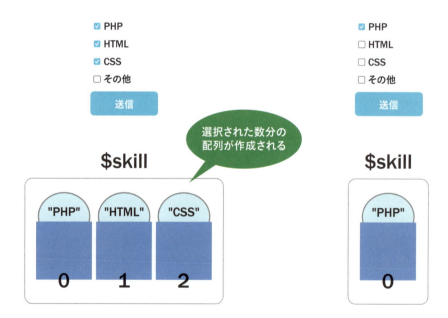

もし、複数あるチェックボックスのうち、1つしか選択されなかったとしても、要素が1つの配列になります。つまり、チェックボックスで都合良く1つしかチェックされなかった場合も、それが変数になることはありません。

またHTML側で用意するチェックボックスのname属性には、以下のように「name="skill[]"」を指定します。この[]の部分が配列でデータを送信することを表しています。

```
<input type="checkbox" name="skill[]" value="PHP">
```

ここでは、簡単なアンケートフォームを作成し、チェックボックスの値を受け取ってみましょう。

COLUMN ラジオボタンからデータを送る

ラジオボタンからもデータ送信はもちろん可能です。
チェックボックスと違い、ラジオボタンは単一選択のため、必ず1つのデータしか送信されません。以下のラジオボタンの場合、name属性で指定された「sei」で取得できるのは、男性を表す「0」か女性を表す「1」のvalue属性値のどちらかです。

```
性別を選択してください。<br>
<input type="radio" value="0" name="sei">男性<br>
<input type="radio" value="1" name="sei">女性
```

PHP側で取得する方法は、テキストボックス等の場合と同様です。

6-3 チェックボックスと配列の関係

体験 アンケートフォームを作ってみよう

1 作業用ファイルを開く

エディタのツリービューで「0603」フォルダに「checkbox.php」「checkbox_comp.php」「input.php」があることを確認し、このうち作業用ファイルである「checkbox.php」をエディタで開きます**1**。なお、「checkbox_comp.php」は完成済のファイルです。

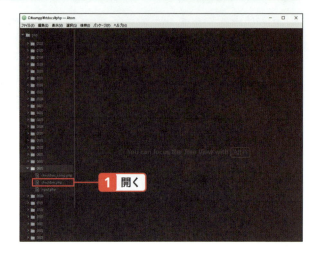

2 foreachで処理する プログラムを記述する

「$_POST["skill"]」によって受け取った配列を、foreach文によってすべて出力する処理を、「<!-- ここから -->」〜「<!-- ここまで -->」の間に記述します**1**。
プログラムを記述したあとは上書き保存してください。

```
16: <?php
17: $skill = $_POST["skill"];
18: foreach ($skill as $key => $value) {
19:     echo $value. "<br>";
20: }
21: ?>
```

3 ファイルをWebブラウザで開く

「http://localhost/php/0603/input.php」をブラウザのURLに指定しアクセスします 1 。
今回は2つのファイルで構成されています。始めにアクセスするのは「input.php」です。そのページ内にあるチェックボックスにチェックを入れて 2 、「checkbox.php」へ遷移します。
フォームで入力された値が次のページで表示されることを確認してください。「checkbox.php」では、チェックした内容をすべて出力します。

1 「http://localhost/php/0603/input.php」と入力する
2 チェックを入れて
自動的にPHPのプログラムに遷移して
結果が表示される

COLUMN プルダウンメニュー

アンケートなどでよく利用される入力フォームの部品の1つにプルダウンメニューがあります。
コンボボックスやセレクトボックスとも呼ばれますが、複数の選択肢から選ぶことができるのがその特徴です。
selectタグとoptionタグの組み合わせで表現できます。PHPから選択された値を取得する場合は、他のフォーム同様、name属性を指定します。
取得できる値は、optionタグ内のvalue属性の値です。

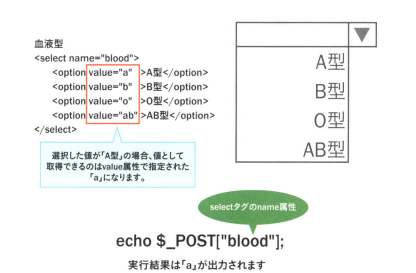

血液型
```
<select name="blood">
    <option value="a" >A型</option>
    <option value="b" >B型</option>
    <option value="o" >O型</option>
    <option value="ab" >AB型</option>
</select>
```

選択した値が「A型」の場合、値として取得できるのはvalue属性で指定された「a」になります。

selectタグのname属性

echo $_POST["blood"];

実行結果は「a」が出力されます

6-3 チェックボックスと配列の関係

理解 | 配列のチェック

>>> 配列の作成

[体験] のinput.phpでは、以下のようにチェックボックスを表すタグに同じname属性「skill[]」を指定しています。

```
<label><input type="checkbox" name="skill[]" value="PHP"> PHP</label>
<label><input type="checkbox" name="skill[]" value="HTML"> HTML</label>
<label><input type="checkbox" name="skill[]" value="CSS"> CSS</label>
<label><input type="checkbox" name="skill[]" value="その他"> その他</label>
```

そしてcheckbox.phpでは、いったん以下の個所で配列を変数に代入しています。

```
$skill = $_POST["skill"];
```

選択されたチェックボックスの内容によって、「$_POST["skill"]」という配列が自動的に作成されます。ここでは、それを「$skill」という短い名前に置き換えています。
なお、「$_POST[]」に指定する文字列は「skill」です。「skill[]」ではありませんので注意してください。

>>> 繰り返し文と配列の組み合わせ

今回のサンプルでは、選択されたものをすべて表示することが目的です。チェックボックスでいくつチェックが付いているかは、ユーザの入力によって変わる可変的な要素となっています。
そこで、以下のように繰り返し文と配列を組み合わせることによって、いくつチェックが付いたとしても表示できるようにしています。

```
foreach ($skill as $key => $value) {
    echo $value. "<br>";
}
```

「$key」には配列の添え字が代入されます。「$value」には添え字に紐付く値が代入されます。例えば、3つのチェックボックスが選択されている場合は、以下のような処理の流れになります。

チェックボックスで3つ選択されていた場合

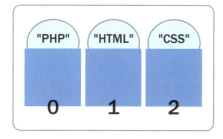

繰り返し回数	$keyの値	$valueの値
1回目	0	"PHP"
2回目	1	"HTML"
3回目	2	"CSS"

まとめ

- **HTMLのチェックボックスは配列形式でデータを送信する**
- **チェックボックスをHTMLで用意する際のname属性は「名前[]」とする。[]を付けることで配列でデータを送ることができる**

第6章 配列でデータを管理する

4 キーで管理する連想配列

完成ファイル | [php] → [0604] → [association_comp.php]

 予習 キーを元にデータを管理する連想配列 >>>

「0」から始まる整数を添え字とする配列は、何番目にどのようなデータが格納されているかをプログラムを書く際に意識する必要があります。
この整数を使った添え字よりもさらに直観的でわかりやすい文字列を添え字にした配列を**連想配列**と呼びます。連想配列は以下のように書くことができます。

```
$product = [ "name" => "スマートフォン", "price" => 35000, "description" => "最新機種です" ];
```

連想配列のイメージ

name	price	description
スマートフォン	35000	最新機種です

添え字には整数以外に文字列も指定できる

表の構造と似ています

連想配列では、1つ1つの要素を「,」で区切るのはこれまでの配列と同じです。ただし、添え字と値を「=>」によって紐付け、特定の要素を利用する際は添え字を[]内に文字列として指定します。

```
echo $product["name"];
```

体験 連想配列を使ってみよう

1 作業用ファイルを開く

エディタのツリービューで「0604」フォルダに「association.php」「association_comp.php」があることを確認し、このうち作業用ファイルである「association.php」をエディタで開きます❶。なお、「association_comp.php」は完成済のファイルです。

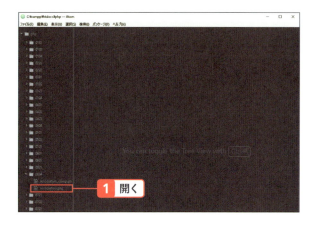

2 配列の処理を行うプログラムを記述する

配列の処理を行うプログラムを、HTMLコメントの「<!-- ここから -->」〜「<!-- ここまで -->」の間に記述します❶。はじめに、「$product」という名前の連想配列を用意します。
続けて、連想配列とforeach文を組み合わせて、すべての要素を出力させる処理を記述します❷。
プログラムを記述したあとは上書き保存してください。

```
15: <?php
16: $product = [ "name" => "スマートフォン",
    "price" => 35000, "description" => "最
    新機種です" ];
17:
18: foreach ($product as $key => $value) {
19:     echo $key. ":". $value. "<br>";
20: }
21: ?>
```

3 ファイルをWebブラウザで開く

「http://localhost/php/0604/association.php」をWebブラウザのURLに指定しアクセスします❶。連想配列の要素がすべて出力されます。

6-4 キーで管理する連想配列

理解：連想配列の使いどころ

[体験]のプログラムに出てくる連想配列は以下の個所です。

```
$product = [ "name" => "スマートフォン", "price" => 35000,
"description" => "最新機種です" ];
```

このように連想配列の添え字には整数、もしくは文字列が使用可能です。
また、連想配列の中身をすべて表示させるには、繰り返し文を利用します。ただし、文字列を添え字とする連想配列の場合、for文のカウンタ変数による添え字の指定ができないため、以下のようにforeach文を利用します。

```
foreach ($product as $key => $value) {
    echo $key. ":". $value. "<br>";
}
```

また添え字を利用しない場合は、以下のforeach文のように「$key =>」の部分を省略できます。

```
foreach ($product as $value) {
    echo $value. "<br>";
}
```

連想配列は、添え字に任意の値（整数か文字列）を指定できる特徴上、プログラム中のさまざまな場面で利用されます。
「$_POST[]」や「$_GET[]」にも[]内に添え字を文字列で指定することで、任意の値を利用できました。これらのしくみは、連想配列を用いています。

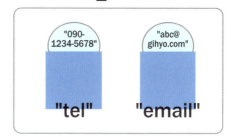

name属性の値が
連想配列の添え字になっています。

上記の図では、「$_POST」という連想配列に、name属性の値をキーとした値が格納されています。「$_GET」も同様です。

後半の章（**第8章**、**第10章**）でも、この連想配列の考え方を多用していきますので、基本を押さえておいてください。

まとめ

- 連想配列では、添え字において整数の変わりに文字列を利用できる
- 連想配列を用意する際には、「キー => 値」のように「=>」を使ってデータを紐付ける

第6章 練習問題

■問題1

次の文がそれぞれ正しいかどうかを○×で答えなさい。

① 「$numbers = [10, 20, 30, 40]」この配列の numbers[2] には「20」が代入されている。
② 添え字に文字列を使用する配列のことを連想配列と呼ぶ。
③ チェックボックスから送られたデータを受け取る場合、$_ARRAY[] を使用する。

ヒント 6-1、6-3、6-4

■問題2

次のプログラムは配列の中から、「みかん」と一致する文字列を検索し、検索が完了した場合は「みかんが検索されました。」を表示し、繰り返し処理を終了するプログラムである。プログラムの穴を埋めて完成させなさい。

```
<?php
    $fruits = ["すいか", "めろん", "みかん", "ぶどう"];
    $keyword = "みかん";
    for ( $i = 0; $i < [①]; $i++ ) {

        if([②] == $keyword) {
            echo $keyword. "が検索されました。";
            [③];
        }
    }
?>
```

ヒント 6-2

関数を使おう

7-1　関数の使い方

7-2　関数をさらに使いこなそう

7-3　関数を自分で作成してみよう

第7章　練習問題

第7章 関数を使おう

1 関数の使い方

完成ファイル | [php] → [0701] → [function_comp.php]

 予習 関数とは

どんなプログラムにも以下に挙げるような「よく使われる処理」や「決まった処理」が存在します。

- 数値を四捨五入する
- 特定の文字列を検索する
- 文字列を置き換える

PHPを始めとするプログラミング言語では、プログラムの際にわざわざ1から作らなくても良いよう、これらの処理を**関数**と呼ばれる形で提供しています。
関数とは、ある決まった処理をたった1つの名前（**関数名**）で呼び出すことができるしくみです。

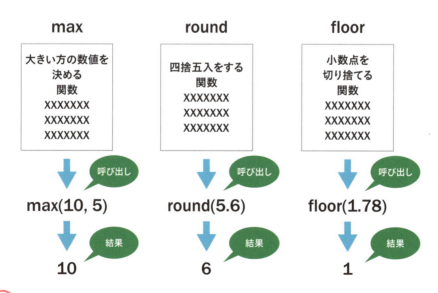

関数を呼び出すには、関数名とその後ろに()を付けて**引数**と呼ばれる関数の処理に必要な材料を書くことができます。

関数名（引数）

関数の使い方の重要なポイントの1つがこの引数です。例えば、以下のような材料とお題を投入すると答えを出してくれる機械があるとします。この機械は与えるお題によって、投入できる材料も決まっています。これと同様に、関数によって引数の組み合わせが決まっています。

例えば、四捨五入を行うround関数の場合、必要な引数は1つです。対して、2つの値を比較して大きい値を求めるmax関数では、必要な引数は2つになります。

それぞれの関数において、必要な材料となる引数が揃っていないと、行いたい処理が実行されません。

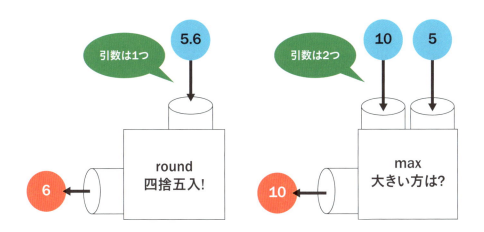

また、引数は何でも値を渡せば良いわけではありません。関数が何をしてくれるかによって、引数として渡すデータの種類も注意しなくてはいけません。

それは四捨五入を行うround関数の場合は、「5.6」や「3.14」のような小数点を含む値になります。またmax関数の場合は、数値であればどのような値でもかまいません。

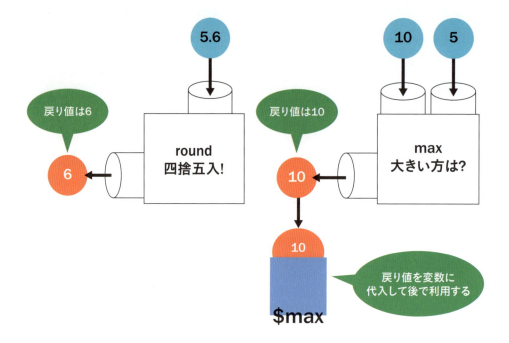

また、機械が出してくれる答えにあたるものが**戻り値**です。戻り値とは関数で処理を行った結果のことです。

戻り値は、関数の結果を別の処理に引き渡すために使用します。上記の図のように、戻り値を変数に代入することで、好きなタイミングで関数の結果を使いまわすことが可能です。

PHPにはたくさんの関数が用意されています。まずは関数の使い方を体験していきましょう。

体験 関数を使ってみよう

1 作業用ファイルを開く

エディタのツリービューで「0701」フォルダに「function.php」「function_comp.php」があることを確認し、このうち作業用ファイルである「function.php」をエディタで開きます❶。なお、「function_comp.php」は完成済のファイルです。

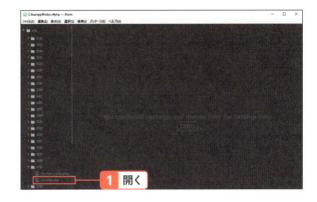

2 関数の引数に値を渡すプログラムを記述する

関数を利用するプログラムを、1つ目の「<!-- ここから -->」～「<!-- ここまで -->」の間に記述します❶。引数を使って3つの関数を呼び出す処理を記述します。
プログラムを記述したあとは上書き保存してください。

```
16: <?php
17: $br = "<br>";
18:
19: echo floor(1.78);
20: echo $br;
21: echo round(1.78);
22: echo $br;
23: echo max(9, 10);
24: echo $br;
25: ?>
```

3 ファイルをWebブラウザで開く

「http://localhost/php/0701/function.php」をWebブラウザのURLに指定しアクセスします ①。「floor()」、「round()」、「max()」の3つの関数の結果が出力されます。「floor()」は小数点以下の切り捨て、「round()」は四捨五入、「max()」は大きい方の値を求める関数です。

① 「http://localhost/php/0701/function.php」と入力する

3つの関数の結果が表示される

4 関数の引数に変数を渡すプログラムを追加する

「function.php」にプログラムを追加します。2つ目の「<!-- ここから -->」〜「<!-- ここまで -->」の間に記述します ①。ここでは、呼び出す関数は変わりませんが、引数に変数を指定するようにしています。
プログラムを記述したあとは上書き保存してください。

① 入力する

```
28: <?php
29: $num1 = 5.67;
30: echo floor( $num1 );
31: echo $br;
32: echo round( $num1 );
33: echo $br;
34:
35: $num2 = 100;
36: $num3 = 150;
37: echo max( $num2, $num3 );
38: echo $br;
39: ?>
```

5 ファイルを再びWebブラウザで開く

「http://localhost/php/0701/function.php」をWebブラウザのURLに指定しアクセスします❶。すでにWebブラウザでファイルを開いている場合は、Webブラウザを更新してください。引数に変数を渡した3つの関数の結果が出力されます。

❶「http://localhost/php/0701/function.php」と入力する

3つの関数の結果が表示される

6 関数の戻り値を代入するプログラムを追加する

さらに「function.php」にプログラムを追加します。3つ目の「<!-- ここから -->」～「<!-- ここまで -->」の間に記述します❶。ここでは、関数の戻り値を変数で受け取る処理を記述しています。

❶ 入力する

```
42: <?php
43: $result1 = floor(3.14);
44: $result2 = round(1.78);
45: $result3 = max(9, 10);
46: echo $result1;
47: echo $br;
48: echo $result2;
49: echo $br;
50: echo $result3;
51: ?>
```

7-1 関数の使い方

7 ファイルを再びWebブラウザで開く

「http://localhost/php/0701/function.php」をWebブラウザのURLに指定しアクセスします❶。すでにWebブラウザでファイルを開いている場合は、Webブラウザを更新（F5）してください。関数の戻り値を代入した3つの関数の結果が出力されます。

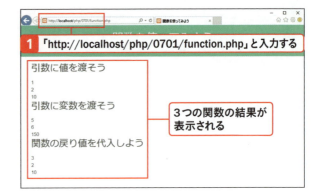

❶ 「http://localhost/php/0701/function.php」と入力する

3つの関数の結果が表示される

COLUMN ランダムな整数を返す「rand()」

ランダムな範囲内の整数を取得したいときに役立つ関数が「rand()」です。
最小値と最大値の引数を2つ指定することで、範囲内の整数を戻り値として返します。

```
echo rand(0, 10);   // 0～10までの乱数を返す

echo rand(10, 100); // 10～100までの乱数を返す
```

引数なしで「rand()」を利用することもできますが、その際には実行環境（Windowsなど）によって、最大値が変化します。
決まった範囲でランダムな整数を取得したい場合は、第1引数と第2引数を指定すると良いでしょう。

理解：引数と戻り値の使い方

[体験]でのプログラムに登場したのは、「floor()」「round()」「max()」という関数でした。これらの関数は以下の役割があります。

関数名	関数の役割
floor(数値)	引数で渡された数値の小数点以下を切り捨てた整数を戻り値として返します。
round(数値)	引数で渡された数値を四捨五入した整数を戻り値として返します。
max(数値1, 数値2)	引数で渡された数値のいずれか大きい方を戻り値として返します。

>>> 引数の書き方

今回利用した関数は、すべて処理を行った結果を戻り値として返してくれます。引数の数は、関数によりそれぞれ異なります。
引数は以下のように直接値を書くことができます。

```
echo floor(1.78);
```

それ以外に、以下のように値が代入された変数を書くことも可能です。

```
$num1 = 5.67;
echo floor( $num1 );
```

引数として指定されているのは、どちらの場合も浮動小数点数です。

>>> 戻り値の使い方

[体験]のプログラムに出てくる関数「floor()」「round()」「max()」でも、結果を戻り値として返してくれます。よって、戻り値（結果）をどのように扱うかは、プログラムを書く中で決めておく必要があります。
例えば、文字列を出力する「echo」を使わずに、関数の呼び出しだけを記述した場合、「floor()」が処理を行って返してくれた戻り値を、何にも利用していないことになります。

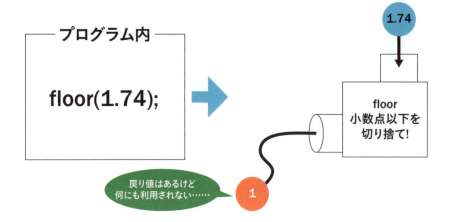

このように、戻り値は「echo」など他の処理に渡したり、変数に代入するなどの使い方をして初めて活用される値であることを覚えておいてください。

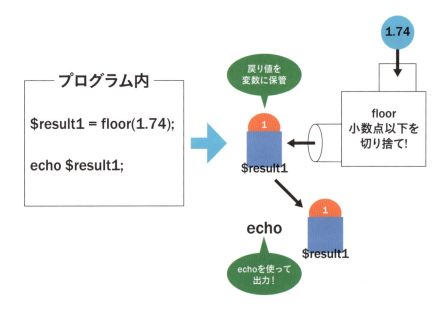

関数を入れ子で使用する

また少し複雑になりますが、以下のように2つの関数が返した戻り値を、また別の関数の引数として利用する書き方もできます。

```
echo max( floor(1.5), round(1.5) );
```

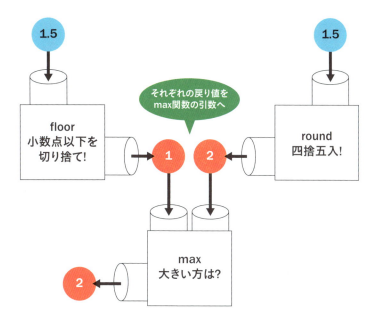

COLUMN 「echo」は関数？

これまで出てきた「echo」は厳密には関数ではありません。関数と同じように動作し、()を付けたり省略できる点は関数の1つと思えるかもしれませんが、ifやforと同じ基本構文の仲間で言語構造と呼ばれます。

ただ、PHP初心者の方が最初から意識する必要はありません。PHPの書き方に慣れてきたころに少しずつで良いので、いろいろな書き方を学んでいきましょう。

まとめ

- 関数を呼び出す際には、「関数名()」のように関数名の後ろに()が付く
- 引数は変数によって指定できる
- 戻り値は、変数によって受け取ることができる

第7章 関数を使おう

2 関数をさらに使いこなそう

完成ファイル | 📁[php] → 📁[0702] → 📄[function_comp.php、header_comp.php]

 予習 **さまざまな関数の種類** 》》》

関数には引数と戻り値というしくみがあることを**7-1**で解説しましたが、関数によっては、戻り値のないものも存在します。
その1つである「header()」は、指定したURLへリダイレクト（強制的に他のページに飛ばす）させる関数です。

```
header( "Location: https://www.google.co.jp" );
```

引数として「"Location:"」の後にURLを記述することで、そこにリダイレクトしますが戻り値は返しません。
また「require_once()」は、引数に指定したファイルを読み込む関数で、以下の例では、target.htmlを読み込みます。

```
require_once( "target.html" );
```

これらの関数は、引数は指定しても戻り値として値を返しません。関数にはさまざまなタイプがあり、使い方にも慣れておくことが必要です。

引数なし　　　　　　引数あり
戻り値なし　　　　　　戻り値なし

　　処理実行　　　　　　処理実行

引数なし　　　　　　引数あり
戻り値あり　　　　　　戻り値あり

　　処理実行　　　　　　処理実行

なお、関数で指定できる引数の数は特に制限がありませんが、戻り値は常に1つだけ返すことも覚えておいてください。
これらのパターンを踏まえて、さまざまな関数を使用していきましょう。

体験 さまざまな関数を使ってみよう

1 作業用ファイルを開く

エディタのツリービューで「0702」フォルダに「function.php」「function_comp.php」「header.php」「header_comp.php」「target.html」があることを確認し、このうち作業用ファイルである「function.php」をエディタで開きます❶。なお、「function_comp.php」「header_comp.php」「target.html」は完成済のファイルです。

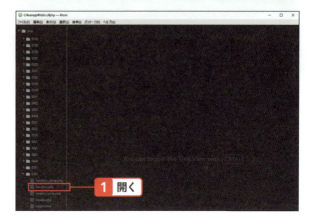

COLUMN 数値かどうかを調べる関数 -is_numeric()

入力された値や変数に入っている値が数値かどうかをチェックするために「is_numeric()」があります。
「is_numeric()」は引数に以下のように値や変数を指定すると、数値の場合は「true」、数値でない場合は「false」を戻り値として返します。

```php
if (is_numeric($_POST["value"]) == true ) {
    echo "入力された値は数値です。";
} else {
    echo "入力された値は数値ではありません。";
}
```

また、上記の例のように入力値のチェックも可能です。浮動小数点数などの整数以外の数値についても「true」を返すことを覚えておきましょう。

❷ 関数を利用するプログラムを記述する（function.php）

関数を利用するプログラムを記述します。まず、「require_once()」を使ってファイルを読み込む処理を記述します❶。ここで読み込む対象のファイルは用意された「target.html」です。

続いて、「htmlspecialchars()」を使用します❷。「htmlspecialchars()」は、HTMLのタグなどを表示可能な通常の文字列に置き換える処理を行います。

次に、文字列を扱う関数を使用します❸。文字列の長さを求める関数「mb_strlen()」を利用した処理を記述します。

最後に、文字列から指定個所を抜き出す「mb_substr()」を利用した処理を記述します❹。

```
14:     <div class="container padding-y-20">
15:         <h2>ファイルを読み込む関数</h2>
16:         <?php require_once("target.html"); ?>         ❶ 入力する
17:
18:         <h2>タグを表示しよう</h2>                       ❷ 入力する
19:         <?php echo htmlspecialchars( "<h3>タグを表示!</h3>", ENT_QUOTES ); ?>
20:
21:         <h2>文字列を操作しよう</h2>
22:         <h3>文字列の長さは?</h3>
23:         「あいうえお」は<?php echo mb_strlen( "あいうえお" ); ?>文字です。   ❸ 入力する
24:         <h3>文字列を抜き出そう!</h3>
25:         <?php
26:         $str = "あいうえお";
27:         ?>
28:         <?php echo $str; ?>の1文字目から3文字分を抜き出すと、「<?php echo mb_substr( $str, 0, 3 ); ?>」です。
29:     </div>
```
❹ 入力する

3 ファイルをWebブラウザで開く（function.php）

「http://localhost/php/0702/function.php」をWebブラウザのURLに指定しアクセスします❶。各関数の結果が出力されます。

関数の結果が出力される

4 関数の引数に変数を指定したプログラムを記述する（header.php）

「header.php」を開いて、関数の引数に変数を指定したプログラムを記述します。「header()」によって、リダイレクトを行う処理を記述します❶。
プログラムを記述したあとは上書き保存してください。

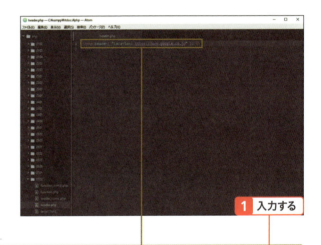

❶ 入力する

```
01: <?php header( "Location: https://www.google.co.jp" ); ?>
```

5 ファイルをWebブラウザで開く（header.php）

「http://localhost/php/0702/header.php」をWebブラウザのURLに指定しアクセスします❶。Googleの検索サイトが表示されることが正しい動きです。このとき入力したURLから検索サイトのものに自動的に切り替わっていることを確認しましょう。

Googleの検索サイトが表示される

理解 さまざまな関数の使い方

[体験]のプログラムのうち、まず「function.php」に登場した関数を見ていきましょう。

▶▶▶ ファイルを読み込む関数（require_once）

「require_once()」は、引数に指定したファイルを一度だけ読み込む関数です。読み込むはずのファイルが存在しない場合はエラーとなります。またHTMLファイル以外に、PHPファイル「.php」やテキストファイル「.txt」を読み込むことも可能です。

```
require_once("target.html");
```

同じような関数として「include_once()」があります。こちらはファイルが存在しない場合もエラーになりません。
これらを使い分けるには、ファイルが読み込めなかった際、エラーが発生したことに必ず気づくことができるようにする場合などは「require_once()」を使用するようにします。

▶▶▶ HTMLタグを通常の文字列として扱う関数（htmlspecialchars）

WebブラウザではHTMLのタグを認識し、そのタグに沿った見た目を表示したり、機能を実現します。「htmlspecialchars()」は、タグなどの特殊な文字列を通常の文字列として出力する関数です。
以下の例では引数の文字列の中に、見出しのレベルを指定する<h3>タグが入っています。ここではタグとしてではなく<h3>という文字列として認識されます。

```
echo htmlspecialchars( "<h3>タグを表示！</h3>", ENT_QUOTES );
```

「htmlspecialchars()」では2つの引数を指定します。1つ目の引数("<h3>タグを表示！</h3>")は変換対象の文字列です。2つ目の引数(ENT_QUOTES)は、**定数**と呼ばれるあらかじめ決められた特別な値です。この「ENT_QUOTES」は「'」や「"」などを通常の文字列として認識させるための定数です。

「htmlspecialchars()」はどのようなところで使用するのでしょうか。
それはフォームなどで入力された値を表示することがある場合です。
フォームに入力欄があった場合、そこにどんな文字列が入力されるかはわかりません。例えば、Webアプリケーションの誤動作を招く文字列が入力されたり、危険なWebサイトに誘導する文字列が入力される可能性もあるのです。
例えば、フォームにあるテキストボックスでは制限がない場合、どんな文字列でも入力可能であるため、HTMLのタグやスクリプト（JavaScriptなどのプログラム）を入力できてしまいます。それらの入力値をそのまま次の画面に表示させた場合、自分ではない他者が書いたタグを埋め込まれてしまったり、プログラムが実行されてしまうなどの危険性があります。

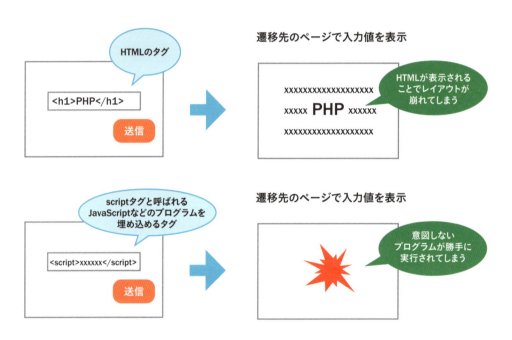

「htmlspecialchars()」を使用することによって、そのような事態を避けることができます。フォームからの入力を扱う際に必須の関数となりますので覚えておきましょう。

COLUMN ENT_QUOTESとENT_NOQUOTES

「ENT_NOQUOTES」を指定すると「''」や「""」を変換しないことも可能ですが、通常は「ENT_QUOTES」で変換したほうが良いでしょう。

》》》 文字列関連の関数

次の関数は「mb_strlen()」と「mb_substr()」です。
「mb_strlen()」は文字列の長さを戻り値として返す関数、「mb_substr()」は指定した文字列から任意の文字列を抜き出す関数です。
以下は、変数「$str」(1つ目の引数)の0文字目(2つ目の引数)から3文字抜き出す(3つ目の引数)という例です。

```
mb_substr( $str, 0, 3 );
```

「$str」には「"あいうえお"」という文字列が入っています。文字列のデータは配列構造になっており、「"あ"」は0番、「"い"」は1番といった具合に、添え字がふられています。「mb_substr()」を使うことで文字列を抜き出し、結果の「"あいう"」を戻り値として返します。

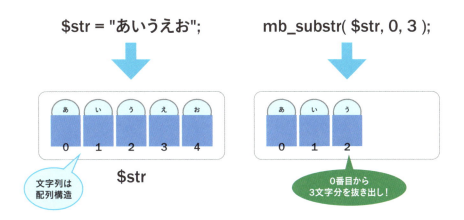

文字数を指定する第3引数は省略することも可能です。例えば、以下のように書いた場合、第2引数の3番の文字以降すべての文字列を戻り値として返します。

```
$str = mb_substr("あいうえお", 3);
echo $str;
```

この例の場合、「$str」によって表示される文字列は「"えお"」となります。このように、関数によっては引数を省略できるものがあることを押さえておきましょう。

▶▶▶ リダイレクトを行う関数

次に「header.php」で登場した関数を見てみましょう。
「header()」は、**リダイレクト**を行うための関数です。リダイレクトとは、クライアントを違うWebページやWebサイトに誘導することです。Webサイトが改修中の場合や、移転などでURLが変更になった場合、ユーザー側が意識することなく、新たなWebサイトへ強制的に遷移させることが可能です。

「header()」はその特徴上、関数の呼び出し前後に文字列を出力させてはいけません。例えば以下のように、「header()」の前に「<html>」などのタグを書いたり、後ろに「echo」などで出力させると、意図しない動作を引き起こすことになりますので注意が必要です。

```
<html>
<?php
header( "Location: https://www.google.co.jp" );
echo '<br>';
?>
```

リダイレクトさせるページは、もちろん自分で作成したページでもかまいません。以下は、[体験] で作成したサンプルにリダイレクトさせる例です。

```
header( "Location: http://localhost/php/0703/index.php" );
```

また、何か条件を設けて条件が成り立った場合のみ、リダイレクトをさせるには、以下のように書きます。

```
if (条件) {
    header( "Location: http://localhost/php/0103/index.php" );
    exit;
}

// 続きの処理
```

「exit」は実行されると、その行で処理を強制的に終了させる命令です。「exit」がなかった場合、リダイレクトを処理を行った後に続きの処理を実行してしまいます。

続きの処理内で、HTMLを表示する処理が含まれていた場合は誤動作の原因となるため、リダイレクト後は何もさせないために「exit」を記述してください。

COLUMN 関数の調べ方

本書ではほんの一部の関数しか紹介していませんが、PHPでは非常に多くの関数が用意されています。
以下の公式サイトでは、関数リファレンスという定義済みの関数一覧から任意の関数の役割を調べることが可能です。

http://php.net/manual/ja/funcref.php

初心者の方は、たくさんある関数一覧から目当てのものを探すのは難しいかもしれません。その分、公式情報には適切な使い方が漏れなく記載されています。
どのような関数であっても、引数・戻り値さえ意識してもらえれば使用には困りません。積極的にどんな関数があるかを調べて、実際に使用して使い方を学んでいくと良いでしょう。

まとめ

- ●関数の使い方には、引数と戻り値によっていくつかのパターンが存在する
- ●関数は調べるだけではなく、実際にプログラムを書いて使ってみることで、どんな処理をするのかを知ることができる

第7章 関数を使おう

3 関数を自分で作成してみよう

完成ファイル | [php] → [0703] → [myfunction_comp.php]

予習 ユーザー自身が作成するオリジナルの関数

これまであらかじめ用意された関数を紹介してきましたが、ユーザー自身でオリジナルの関数を作成して使用することも可能です。このオリジナルの関数を**ユーザー定義関数**と呼びます。

ユーザー定義関数を作成する目的は以下の通りです。

- 複数の関数や処理を1つの関数にまとめる
- 既存では用意されていない処理を行う

ユーザー定義関数　計算をする関数　記録をする関数　　複数の関数や、処理を1つにまとめる

ユーザー定義関数
```
XXXXXXXXXXX;
XXXXXXXXXXXXXXX;
XXXXX;
XXXXXXX;
XXXXXXXXXXX;
```
既存の関数にはない処理を1から作成する

ユーザー定義関数を作成する際の基本文法は以下の通りです。

```
function 関数名 ( 引数リスト ) {
    関数の処理
    return 戻り値; // 戻り値がある場合のみ
}
```

ただし、ユーザー定義関数を作成しても、それだけでは関数を使用したことにはなりません。言い換えると、ユーザー定義関数の作成とは、道具を用意することと同義です（**関数の定義**とも呼びます）。よって、ユーザー定義関数を定義したあと、必要な場面で関数を呼び出さなければならないことを覚えておいてください。

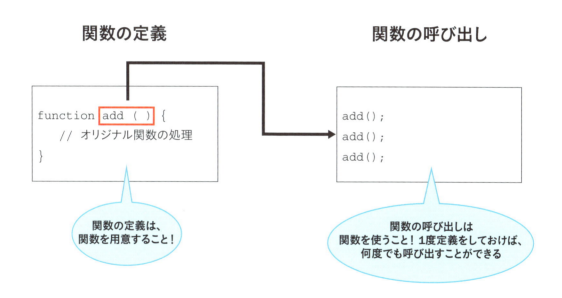

関数名は変数名と同様に好きな名前を付けることができます。ただし、その関数がどのような処理を行うのかわかりやすくするために、英単語の動詞などから名前を付けるようすると良いでしょう。

ユーザー定義関数では、必ず引数や戻り値の記述を入れる必要はありません。引数が必要な場合は、引数リストと書かれた個所に受け取る引数分の変数を指定します。また、関数の呼び出し方は既存の関数と同じです。

それでは、実際に関数を定義し、利用するプログラムを見ていきましょう。

体験 オリジナルの関数を作成しよう

1 作業用ファイルを開く

エディタのツリービューで「0703」フォルダに「myfunction.php」「myfunction_comp.php」があることを確認し、このうち作業用ファイルである「myfunction.php」をエディタで開きます❶。なお、「myfunction_comp.php」は完成済のファイルです。

2 足し算を行う関数を記述する

足し算を行う関数を、1つ目の「<!-- ここから -->」~「<!-- ここまで -->」の間に記述します❶。ここでは、引数を2つ受け取る「add()」という関数を定義し、その関数を呼び出す処理を記述しています。

プログラムを記述したあとは上書き保存してください。

```
15: <?php
16: function add( $num1, $num2 ) {
17:     echo $num1 + $num2;
18: }
19:
20: add(10, 20);
21: ?>
```

3 ファイルをWebブラウザで開く

「http://localhost/php/0703/myfunction.php」をWebブラウザのURLに指定しアクセスします❶。足し算の結果が出力されます。

4 引き算を行う関数を記述する

次に引き算を行う関数を、2つ目の「<!-- ここから -->」～「<!-- ここまで -->」の間に記述します①。ここでは、引数を2つ受け取る「minus()」という関数を定義し、その関数を呼び出す処理を記述しています。戻り値となる結果を「$result」で受け取っている部分が「add()」を利用した場合と異なる部分です。プログラムを記述したあとは上書き保存してください。

```
23: <?php
24: function minus( $num1, $num2 ) {
25:         return $num1 - $num2;
26: }
27: $result = minus(30, 10);
28: echo $result;
29: ?>
```

1 入力する

5 ファイルを再びWebブラウザで開く

「http://localhost/php/0703/myfunction.php」をWebブラウザのURLに指定しアクセスします①。引き算の結果が出力されます。

1「http://localhost/php/0703/myfunction.php」と入力する

引き算の結果が出力される

理解 関数の定義方法

>>> 戻り値がない場合

[体験]のプログラムに出てくる「add()」は足し算を行う関数で、以下のように2つの引数を指定します。

```
function add( $num1, $num2 ) {
    echo $num1 + $num2;
}
```

「add」の後ろの()内に「$num1」と「$num2」という2つの変数があります。関数の定義では、引数に具体的な値は指定できません。道具に渡す材料は決まっていませんが、いくつの材料を渡すことにするかは決める必要があります。

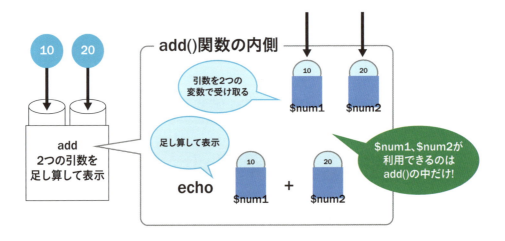

上記の図のように任意の変数を用意しておき、関数を利用する際の引数をその変数で受け取れるようにしています。これらの変数「$num1」と「$num2」は、関数内でしか使えない変数になります。

「add()」には戻り値はありません。処理の中で「echo」を使用して足し算結果を出力するだけです。

「echo」を使った出力は戻り値のように見えますが戻り値ではありません。戻り値を返したい場合は、先ほど解説した「return」キーワードを使用します。

>>> 戻り値がある場合

続いて、戻り値を持つ引き算の関数「minus()」を見ていきましょう。

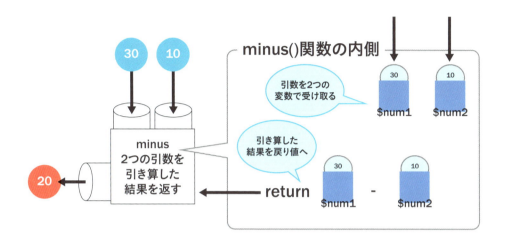

引数の受け取り方は「add()」と同様です。「add()」との違いは、引き算の結果を戻り値として返す「return」の部分になります。戻り値があることによって、以下のように戻り値を受け取ることが可能です。

```
$result = minus(30, 10);
```

「minus(30, 10)」の結果である「20」を「$result」変数で受け取っています。後は「$result」はどのように使ってもかまいません。
このように、ユーザー定義関数を定義する際に戻り値を利用する場合は、「return」の記述が必須であることをおさえておきましょう。

まとめ

- 関数は、一度定義すれば何度でも呼び出すことができる
- 引数はいくつでも受け取ることができる
- 戻り値は、「return」によって1つしか返すことができない

第7章 練習問題

■問題1

次の文章の穴を埋めよ。

> 複数の処理を纏めたものに名前を付け、他のプログラムから呼び出すことができるしくみを ① と呼び、① に付ける名前を ② と呼ぶ。① にデータを渡す際には ③ を使用する、処理の結果を呼出元のプログラムに返すには ④ を使用する。① を作成するためには、function というキーワードを指定し、③ は () の中に定義する。④ を利用する場合には、⑤ というキーワードを使って呼出側のプログラムに結果を返す。

ヒント 7-1

■問題2

以下のページを参考にし、文字列「Hello Java World」を「Hello PHP World」に変更するプログラムを完成させなさい。

`http://php.net/manual/ja/function.str-replace.php`

ヒント 7-2

■問題3

底辺と高さを引数で受取り、三角形の面積を戻り値として返す calc 関数を完成させなさい。

ヒント 7-3

セッションを使おう

8-1　セッションとは

8-2　セッションに登録しよう

8-3　セッションから削除しよう

8-4　セッションをさらに活用しよう

>>> 第8章　練習問題

第8章 セッションを使おう

1 セッションとは

完成ファイル │ 📁[php] → 📁[0801] → 📄[usesession_comp.php]

 予習　セッションによってできること

GETやPOSTを使用してデータを次のページへ渡す方法はこれまでも数多く出てきました。しかし、通常のWebアプリケーションでは、以下のように複数のページ間にまたがる形でデータをやり取りしています。

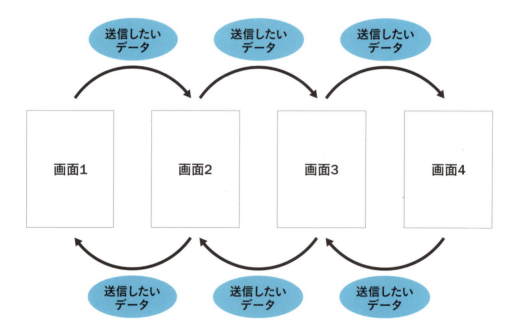

さらにWebアプリケーションには「戻る」ボタンや特定のページへのリンクなどが存在し、データを常に保持しておくために、データのやり取りはなおさら複雑になります。
そこで利用するのが**セッション**です。セッションを利用するとクライアントに関連する情報（データ）をWebサーバに預けておくことができます。
セッションとは、クライアントとWebサーバ間で行われる1回のやり取りを意味します。

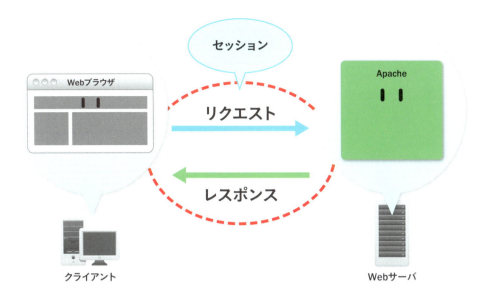

このキャッチボールのようなやり取りは1回限りで継続性はありません。つまり、その都度まっさらな状況からやり取りを行っています。これを「クライアントの状態（ステータスと呼びます）を維持しない」というところから**ステートレス**と呼びます。

ステートレスな環境では、相手のクライアントが先ほど行われたやり取りと同じであっても判別できません。

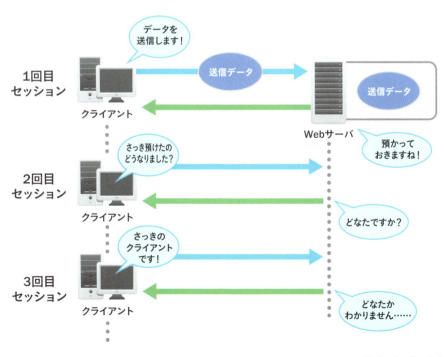

これでは、それまでクライアントからWebサーバに預けたデータが再利用できないことになります。そこで、逆に「クライアントの状態を維持する」ステートフルを実現するために、セッションが利用されます。

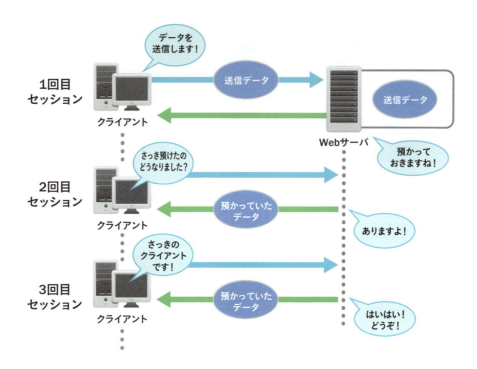

このように、Webサーバにデータを預け、かつその状態を維持できれば、クライアントはその都度余計なデータを送る必要がなくなります。
どのようにステートフルを実現しているのか、実際のプログラムを通して体験していきましょう。

体験 セッションを使ってみよう

1 作業用ファイルを開く

エディタのツリービューで「0801」フォルダに「usesession.php」「usesession_comp.php」があることを確認し、このうち作業用ファイルである「usesession.php」をエディタで開きます**1**。なお、「usesession_comp.php」は完成済のファイルです。

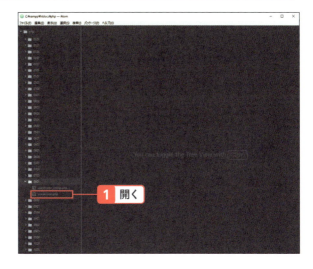

2 セッションを開始する プログラムを記述する

ステートフルなセッション管理を開始するプログラムを1つ目の「<!-- ここから -->」~「<!-- ここまで -->」の間に記述します**1**。

```
01: <?php session_start(); ?>
```

3 アクセス回数を表示するプログラムを記述する

usesession.phpにアクセスした回数を表示するプログラムを2つ目の「<!-- ここから -->」～「<!-- ここまで -->」の間に記述します❶。

if文を使って、「$_SESSION["count"]」が存在する場合は1回カウントアップ、存在しない場合は、初期値として「1」を代入する処理を記述します。この「$_SESSION[]」はセッション変数と呼ばれる、クライアントごとにデータを保存できる特別な変数です。

最後に、何回目のアクセスかを代入している「$_SESSION["count"]」を表示させる処理を記述します。

プログラムを記述したあとは上書き保存してください。

❶ 入力する

```php
16: <?php
17: if ( isset( $_SESSION["count"] ) == true ) {
18:   ++$_SESSION["count"];
19: } else {
20:   $_SESSION["count"] = 1;
21: }
22: echo $_SESSION["count"]. "回目のページ表示です。";
23: ?>
```

4 ファイルをWebブラウザで開く

「http://localhost/php/0801/usesession.php」をWebブラウザのURLに指定しアクセスします❶。最初にアクセスしたときは「1回目のページ表示です。」と表示されるはずです。F5 でページを更新するたびに、アクセス回数が増えていきますので確認してみてください。

❶「http://localhost/php/0801/usesession.php」と入力する

このページへのアクセス回数が表示される

理解 セッションIDとクッキー

[体験]のプログラムを実行すると、「〜回目のページ表示です。」というメッセージが表示され、F5などでページを更新するたび、回数が増えていくことが確認できたはずです。

>>> ステートレスとステートフル

この結果と、ステートレスな場合の実行結果を比較したのが以下の図です。

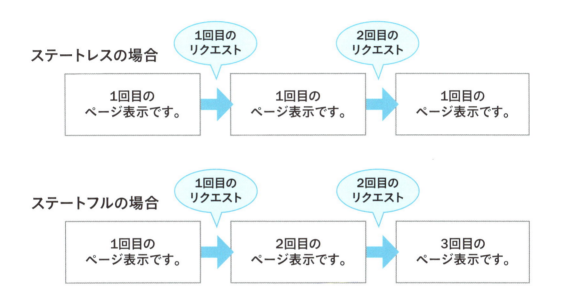

ステートレスでは、クライアントの状態を維持しないため、クライアントが何回目の訪問かを記録していません。つまり、クライアントで何度もWebページの更新を行っても、Webサーバからすると、そのクライアントは初めてそのWebページに訪れたように見えるということです。

ステートフルの場合、前回のアクセスが何回目だったかをWebサーバが記憶しています。そのため、クライアント側がアクセスするたびに表示される回数は1ずつ上がっています。

>>> ステートフルの流れ

それでは、ステートフルになるしくみを確認していきましょう。

最初に、クライアントからWebサーバにリクエストがいくと、Webサーバは**セッションID**と呼ばれる、クライアントを識別できる情報をクライアントに対して発行します。

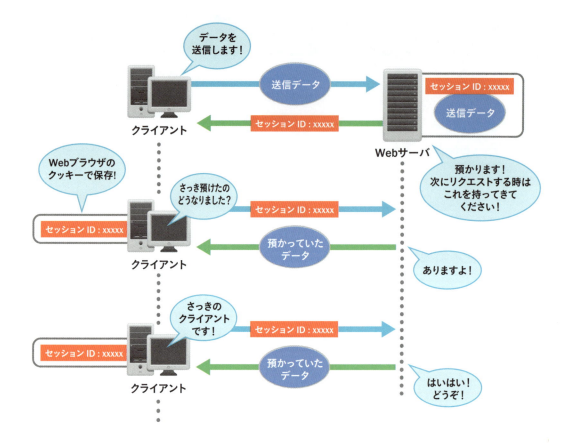

　Webブラウザには**クッキー**と呼ばれる、Webサーバから与えられた情報などを保存できる機能があります。それによって、Webサーバから与えられたセッションIDをWebブラウザで保存します。
　クライアントは、次からそのセッションIDを付けてWebサーバにリクエストを送信します。Webサーバ側では、クライアントからのセッションIDによって、どのクライアントからのアクセスなのかを識別しています。
　Webブラウザに記録されたクッキー情報は確認することができます。Internet Explorer 11では、開発者ツールの画面で確認できます。
　「ネットワーク」タブから、読み込み中のファイル名（以下の図の場合は、usesession.php）をクリックします。ファイル名の右側にある「クッキー」タブをクリックすると現在保存中のクッキー情報を見ることができます。

「PHPSESSID」というのが、デフォルトで設定されたセッションIDの名前です。「:」の右側にあるのが、クライアントに割り当てられたセッションIDになります。

>>> セッション管理を実現する関数

PHPでステートフルなセッション管理を実現するには、以下の記述をHTMLなどの出力より先に記述しておく必要があります。

```
session_start();
```

「session_start()」は**セッション管理**を開始する関数です。
「session_start()」によって発行されるセッションIDは通常、Webブラウザに保存されるランダムな文字列です。どのような値かを意識する必要はありません。
セッションIDがクライアントのWebブラウザでクッキーに保存されれば、クライアントは次のリクエストにセッションIDを付けるようになります。これによって、Webサーバは各クライアントが誰かを識別できるのです。
「session_start()」は、必ず先頭に記述する必要はありませんが、HTMLなどの出力より先に記述することが必須です。

よって、以下のように記述できません。エラーとなりますので注意してください。

```
<html>
<?php session_start(); ?>
```

クライアントがWebサーバに預けた情報は、以下の特別な変数で管理されています。

```
$_SESSION["count"]
```

>>> セッション変数とは

「$_SESSION[]」は**セッション変数**と呼ばれます。「$_POST[]」や「$_GET[]」と同様に、連想配列でデータを管理しています。
セッションIDが発行されたばかりで何も登録されていない場合は、「$_SESSION[]」には何も格納されていません。そこで、「isset()」関数を使うことで、「$_SESSION」に必要なデータが登録されているかを確認します。

```
if ( isset( $_SESSION["count"] ) == true ) {
 ++$_SESSION["count"];
} else {
 $_SESSION["count"] = 1;
}
```

「isset()」は引数に指定した変数や配列の要素が存在すれば「true」、存在しない場合は「false」を返します。

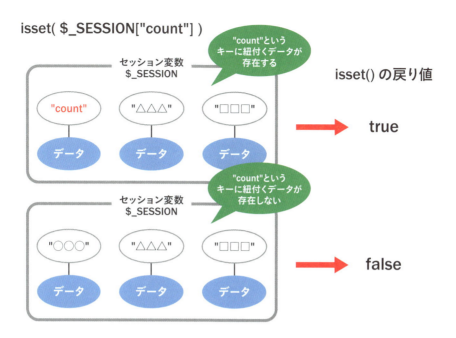

今回の処理では、「$_SESSION["count"]」という要素自体が存在した場合は、「++$_SESSION["count"];」が実行されます。「++」は変数に「1」を加算します。

elseは、初めてこのページにアクセスされたときに実行される部分です。ここでは「$_SESSION["count"]」を「1」を代入しています。

2回目以降のアクセス時には、すでに「$_SESSION["count"]」はクライアントのセッション変数として登録されているため、「++$_SESSION["count"];」が実行されることになります。

最後に、その時点での「$_SESSION["count"]」を出力しています。

```
echo $_SESSION["count"] . "回目のページ表示です。";
```

まとめ

- セッション管理を行うには、「session_start()」を利用する
- セッションIDごとに、クライアントはセッション変数を利用できる
- セッション変数「$_SESSION[]」は、連想配列によってデータを管理する

第 8 章 セッションを使おう

2 セッションに登録しよう

完成ファイル ｜ 📁[php] → 📁[0802] → 📄[cart_comp.php]

予習 セッションに登録する

8-1では、セッション管理のために「session_start()」を利用しました。「session_start()」を使用すれば、クライアントのデータを「$_SESSION」に連想配列の形で格納しておくことができます。

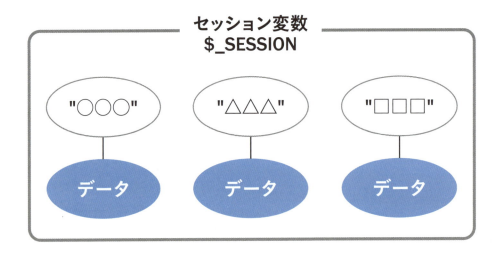

「$_SESSION」で管理できるデータはいくつでも保存可能です。連想配列のキーを指定しておくことで、どんな種類のデータも管理が可能になります。

セッション管理はさまざま場面で利用されています。Webアプリケーションで一番身近な場面は、買い物情報を管理するショッピングカートやログイン認証でしょう。

セッションの使い方に慣れるよう、これから簡易的なショッピングカートを作成していきます。

ショッピングカートを作ろう

1 作業用ファイルを開く

エディタのツリービューで「0802」フォルダに「shop.php」「cart.php」「cart_comp.php」があることを確認し、このうち作業用ファイルである「cart.php」をエディタで開きます❶。なお、「cart_comp.php」は完成済のファイルです。

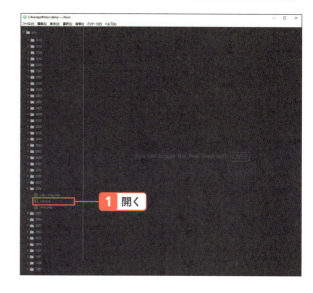

2 セッションを開始するプログラムを記述する

ステートフルなセッション管理を開始するプログラムを1番目の「<!-- ここから -->」〜「<!-- ここまで -->」の間に記述します❶。

```
01: <?php session_start(); ?>
```

8-2 セッションに登録しよう

③ カートのプログラムを記述する（その1）

カートのプログラムを2つ目の「<!-- ここから -->」～「<!-- ここまで -->」の間に記述します ❶。ここではカート一覧に表示するための商品情報の配列を定義します。

セッション変数に「"cart"」で登録されているカート配列があり、なおかつ、「$_POST["id"]」によって商品のidデータが送信されてきた場合のみ、カート配列に商品のidデータを追加します。セッション変数に「"cart"」で登録されているカート配列がない場合は、初めてカートに商品を追加することになるので、「$_SESSION["cart"] = [$_POST["id"]];」によって、商品idデータが1つのカート配列を作成します。「$sum」は、カートに入っている商品の合計金額を求めるための変数です。

❶ 入力する

```php
16: <?php
17: // 商品情報
18: $names = [ "Tシャツ", "靴下", "帽子" ];
19: $prices = [ 3000, 500, 1500 ];
20:
21: if ( isset( $_SESSION["cart"] ) == true && isset( $_POST["id"] ) == true ) {
22:   $_SESSION["cart"][] = $_POST["id"];
23: } elseif ( isset( $_POST["id"] ) == true ) {
24:   $_SESSION["cart"] = [ $_POST["id"] ];
25: }
26:
27: // 合計金額
28: $sum = 0;
29: ?>
```

4 カートのプログラムを記述する（その2）

次にカート一覧を表示する処理を記述します❶。

3番目の「<!– ここから –>」〜「<!– ここまで –>」の間に、セッション変数にカート配列がない場合、「カートに商品がありません。」を表示するため、if文によってカート配列が存在し、なおかつ「empty()」によって空の配列ではないかをチェックする記述を追加します。

4番目の「<!– ここから –>」〜「<!– ここまで –>」の間には、カート配列がある場合は、foreach文によって、カートの中身を1行ずつ表示させる記述を追加します。繰り返し処理の中では、「$sum = $sum +$prices[$id];」によって、商品の値段を「$sum」に加算しています。繰り返しがすべて終われば、「$sum」にはすべての商品の値段を合算した値が入ります。

❶ 入力する

```php
31: <?php if ( isset( $_SESSION["cart"] ) == true && empty( $_SESSION["cart"] ) == false ) { ?>
32: <table class="table">
33:   <thead>
34:     <tr>
35:       <th>商品名</th>
36:       <th>値段</th>
37:     </tr>
38:   </thead>
39:   <tbody>
40:     <?php
41:     foreach ( $_SESSION["cart"] as $id ) {
42:     ?>
43:       <tr>
44:         <td><?php echo $names[ $id ] ?></td>
45:         <td><?php echo $prices[ $id ] ?>円</td>
46:       </tr>
47:     <?php
48:       $sum = $sum + $prices[ $id ];
49:     }
50:     ?>
51:   </tbody>
```

8-2 セッションに登録しよう

5 カートのプログラムを記述する（その3）

5番目の「<!-- ここから -->」～「<!-- ここまで -->」の間に、繰り返しの外で「$sum」を合計金額として表示させる記述を追加します❶。

プログラムを記述したあとは上書き保存してください。

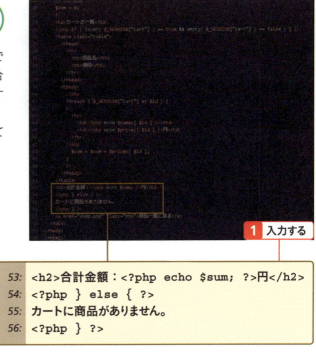

❶ 入力する

```
53:    <h2>合計金額：<?php echo $sum; ?>円</h2>
54:    <?php } else { ?>
55:    カートに商品がありません。
56:    <?php } ?>
```

6 ファイルをWebブラウザで開く

「http://localhost/php/0802/shop.php」をWebブラウザのURLに指定しアクセスします❶。「shop.php」は商品を選択する画面です。「カートに追加」をクリックすると❷、cart.phpに移って、カート一覧画面に商品が追加されます。カート一覧画面では、追加した商品のリストと合計金額が表示されます。

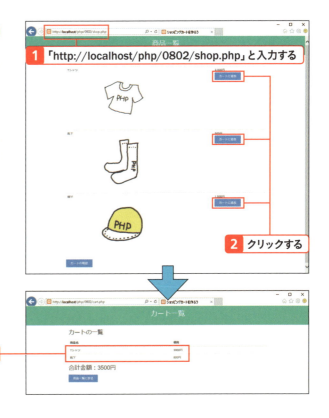

❶ 「http://localhost/php/0802/shop.php」と入力する

❷ クリックする

カートに商品が追加されている

理解 セッションと連想配列

[体験] のプログラムは、以下の2つのPHPファイルから成り立っていました。

ファイル名	説明
shop.php	商品の一覧を表示します。セッション変数は利用していません。
cart.php	現時点で、購入予定の商品一覧を表示します。セッション変数を利用しています。

「cart.php」のみセッション管理を行うため、このファイルで「session_start()」の呼び出しを行います。
商品一覧から任意商品の「カートに追加」ボタンをクリックしたあとの流れは以下の通りです。

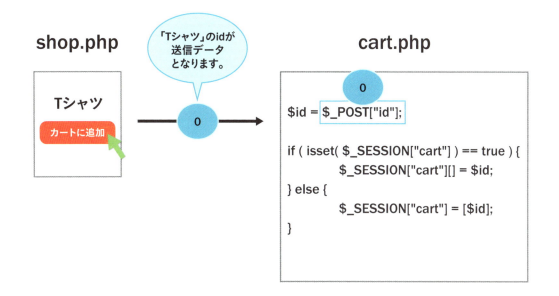

「shop.php」では以下のように商品ごとに「id」が指定されています。

```html
<form action="cart.php" method="post">
 <input type="hidden" value="0" name="id" />
 <input class="btn" type="submit" value="カートに追加"  />
</form>
```

inputタグを「type="hidden"」と指定すると、画面上には表示されない隠された値とすることができます。この場合に、「カートに追加」ボタンを押すと、「id」という名前で「0」という値が「cart.php」に送信されます。

続いて、送信データを受け取る「cart.php」を見ていきましょう。
先頭にはセッション管理を行うために「session_start()」関数を記述します。**[体験]** では、セッション変数によって買物情報（カート）を扱っています。送信データとして「cart.php」に商品のidが届きます。よって、まず「id」から商品情報を得るために配列を用意しています。

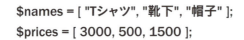

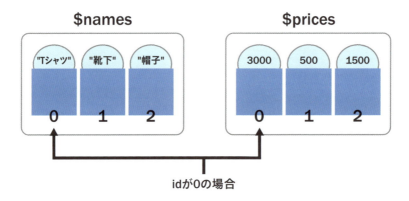

この配列によって、「id」があれば商品情報を添え字から探すことができます。その後、セッション変数に「"cart"」という名前のデータが存在し、なおかつ「$_POST["id"]」が存在しているかをチェックします（条件1）

```
if ( isset( $_SESSION["cart"] ) == true && isset( $_POST["id"] ) == true ) {
  $_SESSION["cart"][] = $_POST["id"];
} elseif ( isset( $_POST["id"] ) == true ) {
  $_SESSION["cart"] = [ $_POST["id"] ];
}
```

条件2 / 条件1

「$_POST["id"]」を「isset()」で調べるのは、「cart.php」に遷移した際に「id」が存在しないケースがあるためです。

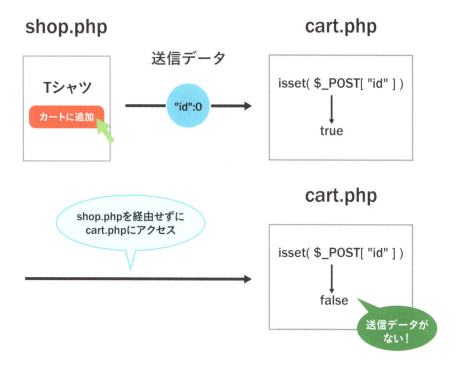

条件2の場合は、セッション変数に何も登録されていないため、初めてカートに追加する処理になります。

初めてのカートに追加

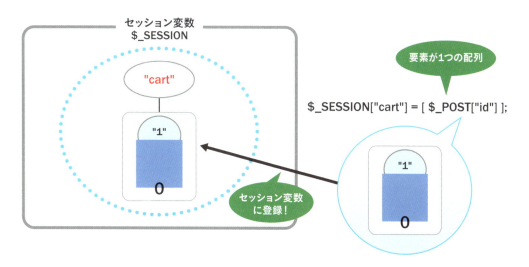

今回のショッピングカートでは、複数の商品を購入できるように配列を利用します。初回のカートに追加の場合は、要素が1つの配列を生成します。そして、その配列をセッション変数に「"cart"」というキーで登録します。
「戻る」ボタンで「shop.php」に戻り、再度商品をカートに追加した場合は、以下の図の流れになります。

2回目以降のカートに追加

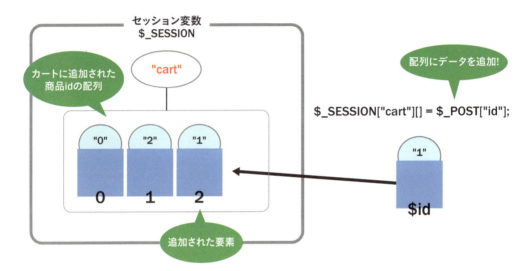

2回目以降は、セッション変数には「"cart"」というキーで、すでに配列が登録されています。その配列に選択した商品のidを追加することによって、カートに商品を加えられます。
配列に要素を追加する処理は、以下となります。

```
$_SESSION["cart"][] = $id;
```

「$_SESSION["cart"]」は配列です。以下のように記述することでデータの追加が可能です。

```
配列名[] = 配列に追加したいデータ
```

追加された要素は、配列の最後に追加されます。条件1と条件2がいずれも成り立たない場合は、カートへの処理は何も行われません。
残りの処理は、カートの一覧表示と合計金額の算出と表示です。まずカートが存在するかど

うかをチェックし、かつカートの配列が空ではないかのチェックを「empty()」という関数を使って行います。

```php
<?php if ( isset( $_SESSION["cart"] ) == true && empty( $_SESSION["cart"] ) == false ) { ?>
~~~~~~~~~~~~~~~~~~~~~
カート一覧表示処理（省略）
~~~~~~~~~~~~~~~~~~~~~
<?php } else { ?>
カートに商品がありません。
<?php } ?>
```

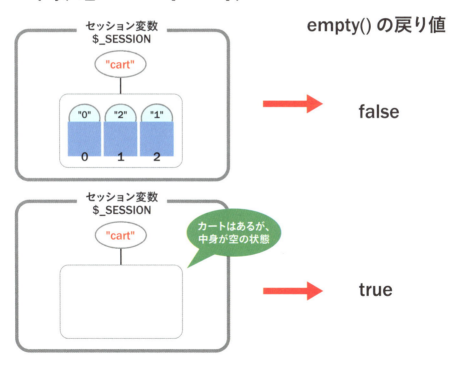

「empty()」は変数や配列の中身が空であるかどうかをチェックします。「isset()」と似ていますが、「empty()」では変数や配列そのものは存在しても、その中身がどうなっているかを確認します。配列の場合は要素がない状態、文字列の場合は空文字「""」が空の状態であれば、「true」を戻り値として返します。

elseの場合は「カートに商品がありません。」というメッセージしか表示されません。つまり、カート配列が存在しないか、カートの配列があっても中身が空の状態（何もカートに追加されていない）であることを表します。

何もカートに追加せずに、カートの一覧画面に遷移するとこの結果となります。

>>> カートの一覧表示処理

続いて、カートの一覧表示処理を見ていきましょう。カートの一覧はtableタグを用いて表形式で表示しています。

```php
<?php
foreach ( $_SESSION["cart"] as $id ) {
?>
 <tr>
  <td><?php echo $names[ $id ] ?></td>
  <td><?php echo $prices[ $id ] ?>円</td>
 </tr>
<?php
 $sum = $sum + $prices[ $id ];
}
?>
```

ここではforeach文で、カート配列である「$_SESSION["cart"]」の要素数分だけ繰り返しを行っています。

「$_SESSION["cart"]」の中には、商品のid情報しかありません。よって、商品名や金額の情報は「$names[$id]」のように、あらかじめ用意した配列を利用します。

foreach文ブロック内の最後の処理に、繰り返した分の商品金額の合計を求める計算を行っています。

```php
$sum = $sum + $prices[ $id ];
```

3つの商品をカートに追加していた場合

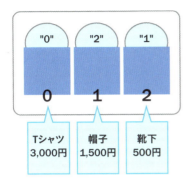

繰り返し回数	実行される計算式	$sumの値
1回目	$sum = 0 + 3000;	3000
2回目	$sum = 3000 + 1500	4500
3回目	$sum = 4500 + 500	5000

「$sum」はあらかじめforeach文の外で0を初期値として代入している変数です。繰り返すごとに、「$sum」には商品金額となる「$prices[$id]」が加算され、「$sum」を上書きしていきます。繰り返しがすべて終われば、カートの全商品の金額合計が求められることになります。

まとめ

- セッション変数「$_SESSION[]」には、配列などさまざまなデータを登録できる
- 「empty()」は、変数や配列の中身が空どうかをチェックする関数である

第8章 セッションを使おう

3 セッションから削除しよう

完成ファイル | [php] → [0803] → [cart_comp.php]

予習 セッションから削除する

セッションは登録だけではなく削除も可能です。例えば、ショッピングカートに格納した商品を取り消したい場合がセッションの削除にあたります。

また場合によっては、クライアントに紐付いたセッション情報を一部だけ削除したり、まるごと削除することも可能です。例えば、ログアウトでWebアプリケーションの利用が終了すると、クライアントの情報が必要なくなるため、セッションをまるごと削除します。

セッション情報は連想配列になっていることは前述しました。よって、セッション情報を削除する場合は、連想配列の要素を削除します。

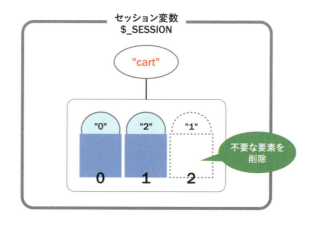

連想配列（配列も同様）において、不要な要素を削除するには以下の関数を使用します。

```
unset( 削除したい要素 );
```

ここでは、この「unset()」の使いどころを確認しながら、プログラムを作成していきましょう。

体験 ショッピングカートに削除機能を追加しよう >>>

1 作業用ファイルを開く

エディタのツリービューで「0803」フォルダに「shop.php」「cart.php」「cart_comp.php」があることを確認し、このうち作業用ファイルである「cart.php」をエディタで開きます❶。なお、「cart_comp.php」は完成済のファイルです。

2 カートのプログラムを記述する（その1）

カートのプログラムを記述していきます。まず「// ここに追加」に記述します❶。
ここでは分岐処理を追加します。elseifを追加して、「$_POST["deleteIndex"]」という、削除したい番号が送信された場合の処理を記述します。中では、「unset()」を使って、カート配列の指定の添え字のみ削除を行います。

```php
21: if ( isset( $_SESSION["cart"] ) == true && isset( $_POST["id"] ) == true ) {
22:     $_SESSION["cart"][] = $_POST["id"];
23: } elseif ( isset( $_POST["id"] ) == true ) {
24:     $_SESSION["cart"] = [ $_POST["id"] ];
25: } elseif ( isset( $_SESSION["cart"] ) == true && isset( $_POST["deleteIndex"] ) == true ) {
26:     unset( $_SESSION["cart"][ $_POST["deleteIndex"] ] );
27: }
```

❶ 入力する

8-3 セッションから削除しよう

3 カートのプログラムを記述する（その2）

続けて、HTMLのコメント個所にもプログラムを追加します。「<!-- ここから -->」～「<!-- ここまで -->」の間に記述します❶。

ここでは、カート一覧に「カートから削除」ボタンを追加しています。カートから商品を削除した際、「deleteIndex」という名前でカート配列の添え字を送信するように隠しタグを記述します。

プログラムを記述したあとは上書き保存してください。

❶ 入力する

```
49: <td>
50:   <form action="cart.php" method="post">
51:     <input type="hidden" name="deleteIndex" value="<?php echo $index; ?>" />
52:     <input type="submit" value="カートから削除" class="btn" />
53:   </form>
54: </td>
```

4 ファイルをWebブラウザで開く

「http://localhost/php/0803/shop.php」をWebブラウザのURLに指定しアクセスします❶。

「shop.php」は商品を選択する画面、「cart.php」がカート一覧の画面になります。「削除」をクリックすると、カートから商品が削除されることを確認できます。

❶ 「http://localhost/php/0803/shop.php」と入力する

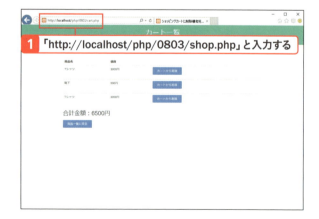

理解 セッション管理

[体験]のプログラムで追加した個所を確認していきましょう。

>>> 削除ボタン処理

foreach文では、添え字を利用するために以下のように「$index」に添え字、「$id」に商品の「id」が繰り返しごとに代入されます。

```
foreach ( $_SESSION["cart"] as $index => $id ) {
```

以下はカート一覧部分に追加された削除ボタン部分です。

```
<td>
  <form action="cart.php" method="post">
    <input type="hidden" name="deleteIndex" value="<?php echo $index; ?>" />
    <input type="submit" value="カートから削除" class="btn" />
  </form>
</td>
```

カート一覧の商品行ごとにボタンが表示されます。ボタンをクリックした場合は、「deleteIndex」という名前でデータとして送信されます。formタグのaction属性にある通り削除ボタンをクリックした際の宛先は「cart.php」です。つまり、カート一覧ページが再表示されます。

>>> 「unset()」の使い方

続いて、「deleteIndex」という送信データをどのように扱っているかの処理を見ていきましょう。

```
} elseif ( isset( $_SESSION["cart"] ) == true && isset(
$_POST["deleteIndex"] ) == true ) {
 unset( $_SESSION["cart"][ $_POST["deleteIndex"] ] );
}
```

ここでは、条件を追加することで、カートが存在し、かつ「$_POST["deleteIndex"]」も存在する場合のみ処理が実行されるようになっています。この処理では「unset()」を利用し、セッション変数に「"cart"」という名前で登録された、配列の要素を削除しています。
「unset()」は以下のように変数や配列の要素を指定できます。

```
unset( 削除したい変数名 );
```

```
unset( 削除したい配列名[添え字] );
```

以下の図は「$_POST["deleteIndex"]」に「2」が入っている場合の処理例です。

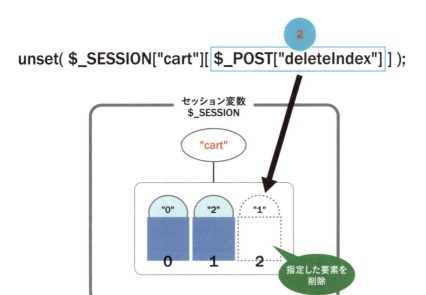

今回のショッピングカートでは、同じ商品を何度も購入できました。よって、同じ商品idであっても、カート配列の添え字は異なるため、商品を1つずつ消すことができます。

[体験]のプログラムは簡易的なカート機能であるため、細かな入力値のチェックなどは実装していませんが、セッション管理の流れは確認できるようになっています。

> **COLUMN　さまざまなセッションの利用場面**
>
> ショッピングサイトのカートや、今回のようなアンケートフォームの入力内容以外にもセッションが利用される場面はあります。さまざまなWebアプリケーションでよく見られるログイン情報がそれにあたります。
>
> ログイン情報には、ログイン中のユーザのIDや名前など、ユーザを識別するための情報が含まれています。その情報がセッションにあるかないかによって、ログイン済でないと表示できないページなどを判定することが可能です。
>
>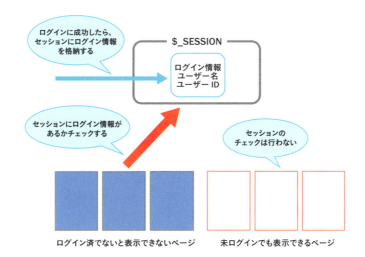
>
> 通常、セッションには、複数のページで共有したい情報を格納しておきます。どんなに複数のページを遷移して、行ったり来たりしても保持しておきたいデータなどを格納しておくと良いでしょう。

まとめ

●セッション変数「$_SESSION」の中身は、「unset()」によって削除できる

第 8 章 セッションを使おう

4 セッションをさらに活用しよう

完成ファイル | [php] → [0804] → [input_comp.php、confirm_comp.php、complete_comp.php]

予習 アンケートフォームでのセッション

これまで、セッション情報の登録と削除を行い、セッションに関わる一通りの機能を見ていきました。
セッション変数には、連想配列の形でさまざまなデータを格納できます。
入力フォームを利用するWebサイトでは、「入力画面」「確認画面」「登録画面」などの画面を見かけたことがあると思います。このようなWebサイトでは、ユーザがこれらの画面間を行ったり来たりして、画面遷移を行う可能性があります。

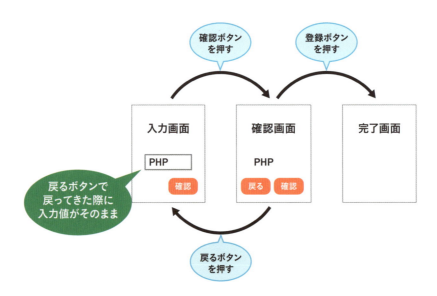

「戻る」ボタンで前画面に戻った際、先ほど入力した値が残ったままの画面を見たことはないでしょうか。
ここでは、実際に簡易アンケートフォームを作成し、複数の画面遷移を通したセッション管理を確認してみましょう。

体験 アンケートフォームを作ろう

1 作業用ファイルを開く（input.php）

エディタのツリービューで「0804」フォルダに「input.php」「input_comp.php」「confirm.php」「confirm_comp.php」「complete.php」「complete_comp.php」があることを確認し、まず最初に作業用ファイルである「input.php」をエディタで開きます1。なお、「input_comp.php」「confirm_comp.php」「complete_comp.php」は完成済のファイルです。

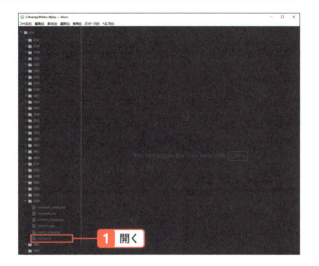

COLUMN アンケートページを作成できるWebサービス

本書では、自分でプログラムを書いてアンケートページを作成しましたが、アンケートページを作成できるWebサービスも多数存在します。
Google社が提供している「Googleフォーム」は、Googleアカウントを持っていれば、気軽にアンケートページを作れます。

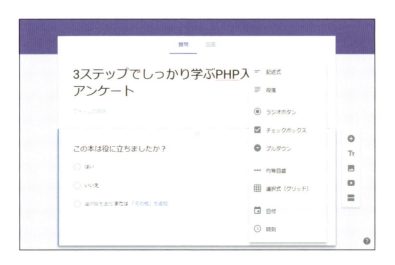

8-4 セッションをさらに活用しよう 225

2 入力画面のプログラムを記述する（input.php）

入力画面であるinput.phpの「<!-- ここから -->」～「<!-- ここまで -->」の間に、セッション管理を行うために「session_start()」を記述します❶。次に、入力された値を代入するための変数を用意します❷。

if文の条件では、「$_SESSION["post"]」の存在チェックを行います❸。「$_SESSION["post"]」には、入力画面に戻ってきた際にのみ、入力済の値が連想配列になって入っています。「$_SESSION["post"]」が存在する場合は、その中に「"name"」（お名前）と「"trigger"」（PHPを勉強するきっかけ）に関するデータが存在するかをチェックし、あった場合は各変数に代入します。

プログラムを記述したあとは上書き保存してください。

```php
01: <?php
02: session_start();            ❶ 入力する
03:
04: $name = "";
05: $trigger = "";              ❷ 入力する
06:
07: if ( isset($_SESSION["post"]) == true ) {
08:   $post = $_SESSION["post"];
09:   if ( isset( $post["name"] ) == true ) {
10:     $name = $post["name"];
11:   }
12:
13:   if ( isset( $post["trigger"] ) == true ) {
14:     $trigger = $post["trigger"];
15:   }
16: }
17: ?>
```
❸ 入力する

3 入力確認画面のプログラムを記述する（confirm.phpその1）

続けて、入力の確認画面である「confirm.php」をエディタで開きます。confirm.phpの1つ目の「<!-- ここから -->」～「<!-- ここまで -->」の間に、input.phpと同様に「session_start()」を記述します **1**。

「$_SESSION["post"] = $_POST;」では、入力画面で入力されたPOST送信データをそのまま、セッション変数に「"post"」という名前で登録しています。

次に、入力された値を代入するための変数を用意します **2**。「$_POST[]」に「"name"」（お名前）「"trigger"」（PHPを勉強するきっかけ）に関するデータが存在した場合は、確認画面に表示するために変数に代入を行います **3**。代入の際には、「htmlspecialchars()」を使い、ユーザによってどんな値が入力されても表示に影響がないようにしています。

```
01: <?php
02: session_start();
03:
04: $_SESSION["post"] = $_POST;
05:
06: $name = "";
07: $trigger = "";
08:
09: if ( isset( $_POST["name"] ) == true ) {
10:   $name = htmlspecialchars( $_POST["name"], ENT_QUOTES );
11: }
12:
13: if ( isset( $_POST["trigger"] ) == true ) {
14:   $trigger = htmlspecialchars( $_POST["trigger"], ENT_QUOTES );
15: }
16: ?>
```

1 入力する（01-02行目）
2 入力する（04-07行目）
3 入力する（09-15行目）

4 入力確認画面のプログラムを記述する（confirm.phpその2）

次に、confirm.phpの2つ目 **1** と3つ目 **2** の「<!-- ここから -->」〜「<!-- ここまで -->」の間に、表示を行う処理を記述します。「nl2br()」は改行コードを「
」に置き換える関数です。

プログラムを記述したあとは上書き保存してください。

```
33:         <tr>
34:           <th>
35:             お名前
36:           </th>
37:           <td>
38:             <?php echo $name; ?>           ← 1 入力する
39:           </td>
40:         </tr>
41:         <tr>
42:           <th>
43:             PHPを勉強するきっかけ
44:           </th>
45:           <td>
46:             <?php echo nl2br( $trigger ); ?>   ← 2 入力する
47:           </td>
48:         </tr>
```

5 完了画面のプログラムを記述する（complete.php）

最後に、完了画面である「complete.php」をエディタで開きます。「<!-- ここから -->」～「<!-- ここまで -->」の間に、セッション情報を削除するプログラムを記述します❶。ここでは、「$_SESSION = [];」によって、セッション変数を初期化し、「session_destroy()」によって破棄する処理を記述しています。

```
01: <?php
02: session_start();
03:
04: $_SESSION = [];
05:
06: session_destroy();
07: ?>
```

❶ 入力する

6 ファイルをWebブラウザで開く

「http://localhost/php/0804/input.php」をWebブラウザのURLに指定しアクセスします❶。
入力画面（input.php）ではアンケートの回答を入力して「確認」をクリックします❷。入力した内容は確認画面（confirm.php）で表示され、「登録」をクリックすると登録が完了します❸。
また確認画面で「戻る」をクリックして入力画面に戻った際、入力した値が残っていることも確認できます。

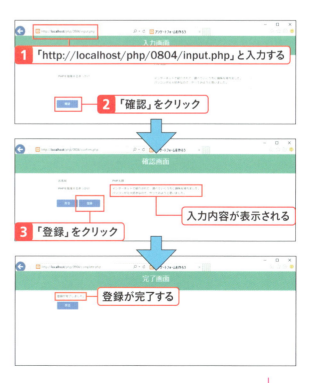

❶ 「http://localhost/php/0804/input.php」と入力する
❷ 「確認」をクリック
❸ 「登録」をクリック
入力内容が表示される
登録が完了する

理解 セッションの使いどころ

[体験] では、すべての画面でセッション管理を行うため、「session_start()」の呼び出しを各ファイルで行っています。

▶▶▶ 確認画面（confirm.php）

実際の操作では入力画面が最初に出てきますが、処理の流れを把握しやすくするために、確認画面の処理から見ていきましょう。
最初は、セッション管理を行うために「session_start()」を呼び出しています。
以下の処理は、セッション変数への送信データの登録です。

```
$_SESSION["post"] = $_POST;
```

「$_POST」には前のページ「input.php」で入力された送信データが連想配列で入っています。
入力画面（input.php）では、2つの項目を入力できました。

```
お名前
<input class="form-control" type="text" name="name" value="<?php echo $name; ?>" />
PHPを勉強するきっかけ
<textarea class="form-control" name="trigger"><?php echo $trigger; ?></textarea>
```

それを丸ごと、セッション変数の「$_SESSION」に「"post"」というキーで登録しています。
その結果、以下の図のような状態になります。

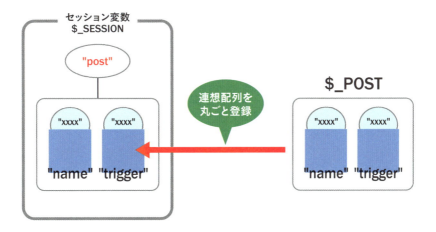

これでセッション変数に入力した情報が保存されるため、「戻る」ボタンで入力画面に戻っても最初に入力した値を利用できます。
続いて変数を用意している個所です。

```
$name = "";
$trigger = "";
```

この2つの変数は初期値として空文字を代入しておきます。あとで確認画面に入力値を表示する際に利用します。
次にif文が2つ続きます。今回は細かな入力チェックを行っておらず、何らかのデータが入力されていれば確認画面に表示するようになっています。

```
// お名前
if ( isset( $_POST["name"] ) == true ) {
 $name = htmlspecialchars( $_POST["name"], ENT_QUOTES );
}

// PHPを勉強するきっかけ
if ( isset( $_POST["trigger"] ) == true ) {
 $trigger = htmlspecialchars( $_POST["trigger"], ENT_QUOTES );
}
```

どちらのif文も「isset()」で値が存在することをチェックし、存在した場合は表示用変数への代入を行います。その際、「htmlspecialchars()」を利用してタグなどの特殊文字を無効化（ただの文字列に変換）しています。これは確認画面などへユーザの入力値を表示する際は行っておくべき処理です。

最後に、指定の個所でそれぞれの変数「$name」と「$trigger」を表示しています。「$trigger」を表示している個所では、以下の関数を使用しています。

```
echo nl2br( $trigger );
```

「nl2br()」は引数として渡された文字列の改行コードを、「
」タグに置き換える関数です。テキストエリアで複数行入力した際、確認画面で「
」タグを入れて表示するために利用しています。

>>> 入力画面 (input.php)

続いて、入力画面を見ていきましょう。

入力画面の目的は「戻る」ボタンがクリックされて確認画面から戻ってきた際、「以前に入力された内容」を表示することです。

今回「以前に入力された内容」をセッション変数に格納しているため、ある場合は表示し、ない場合は表示しない処理を行っています。

```
$name = "";
$trigger = "";
```

この2つの変数は、以下のHTMLタグ内で利用します。

```
<input class="form-control" type="text" name="name" value="<?php echo $name; ?>" />
```

```
<textarea class="form-control" name="trigger"><?php echo $trigger; ?></textarea>
```

inputタグのvalue属性は、テキストボックス内にあらかじめ表示させたい文字列を指定可能

です。textareaタグで囲まれた部分も同様に、テキストエリアであらかじめ表示させたい文字列を指定できます。

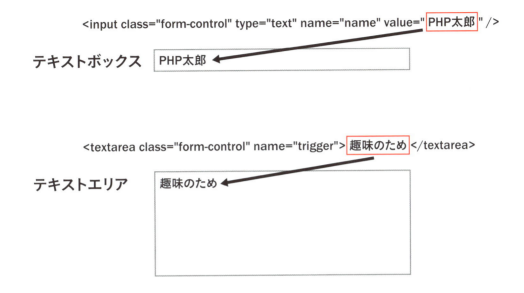

あらかじめ入力された文字列がない場合は、どちらの変数も空文字「""」が入っているため、何も表示はされません。
続いて、セッション変数に「"post"」というキーで登録されたデータが存在するかを「isset()」でチェックしています。
今回、アンケートで入力された値は「"post"」という名前で登録することになっていました。

```
if ( isset($_SESSION["post"]) == true ) {
  // セッション変数にデータが存在した場合
}
```

セッション変数にデータが存在する場合は、if文の中の処理に入ります。存在しない場合は何も行いません。よって、アンケート入力画面「input.php」に初めてアクセスした場合は、以降の処理は何も実行されません。
以下は「if (isset($_SESSION["post"]) == true){}」の中身を抜き出した部分です。

```
$post = $_SESSION["post"];
if ( isset( $post["name"] ) == true ) {
 $name = $post["name"];
}

if ( isset( $post["trigger"] ) == true ) {
 $trigger = $post["trigger"];
}
```
isset($_SESSION["post"]) == true){}の中身

まず、「$post = $_SESSION["post"]」でセッション変数に登録されたものを「$post」に代入します。この処理は短い名前の変数に置き換えているだけですので、必須ではありません。
次に2つのif文が続きます。1つ目のif文では、セッション変数から取り出した配列に、「"name"」というキーで紐づくデータが存在しているかをチェックしています。存在する場合は「$name」への値の代入を行っています。もう1つのif文も「"trigger"」というキーで同じことを行っています。
以上の処理によって、入力画面は初回と確認画面から戻った場合で表示結果を変えるようになっています。

▶▶▶ 完了画面（complete.php）

最後に、完了画面で行う処理を見ていきましょう。
完了画面は名前の通り、ユーザが行う一連の作業を終了させる画面です。よって、これまで保存したユーザ用のセッション変数を破棄する処理を行います。セッションを破棄するだけでも「session_start()」の呼び出しは必要になります。
続いて、セッション変数に空の配列を代入します。

```
$_SESSION = [];
```

この処理によって、セッション変数に登録されたものがすべて削除されます。よって、このプログラムでは「$_SESSION」の中身が使用できなくなります。
最後に、「session_destroy()」を利用することで、Webサーバで保管されたクライアントに紐付くセッション情報をすべて削除します。

```
session_destroy();
```

今回のプログラムでは「$_SESSION = []」を行うだけで十分ですが、ログアウト時など、セッション情報を完全に削除させる場合は「session_destroy()」は必須です。余計なデータを不必要にWebサーバに残さないよう、「session_destroy()」は利用しましょう。

> **COLUMN　クッキーの削除**
>
> セッション管理には、クッキーに保存されているセッションIDが利用されていました。本来であれば、セッションIDの削除も合わせて行う必要があります。

まとめ

- セッションの破棄を行うには、「session_destroy()」を利用する
- プログラム内で、セッション変数を使う必要がなくなった場合には、「$_SESSION = []」によって、「$_SESSION」に空の配列を代入する（セッションの初期化）

第8章 練習問題

■問題1

次の文章の穴を埋めよ。

> クライアントとWebサーバの1回のやり取りのことをセッションと呼ぶ。複数のセッション間でデータを利用したい場合は、Webサーバにクライアントの状態を維持させる ① なセッションの管理が必要となる。反対に、クライアントの状態を維持しないセッションの管理を ② と呼ぶ。 ① なセッション管理のしくみは、Webサーバがクライアントを識別するために与える ③ をブラウザ上の ④ に保存し、リクエスト時に ③ をWebサーバに送信し、クライアントを識別することで実現する。

ヒント 8-1

■問題2

次の文がそれぞれ正しいかどうかを○×で答えなさい。

①セッション管理を開始するにはstart_session()関数を使用する。
②$_SESSION[]はセッション変数と呼ばれ、セッションを管理するための特別な連想配列のことである。

ヒント 8-2

■問題3

次のプログラムはPOSTで送られてきた"item"というキーのデータを、セッション変数に"cart"というキーで1件登録するものである。複数件の登録を可能にするためにはどのように修正すれば良いか、修正個所を見つけなさい。

```php
<?php
 if ( isset( $_SESSION["cart"] ) == true && isset( $_POST["item"] ) == true ) {
  $_SESSION["cart"] = $_POST["item"];

 } elseif ( isset( $_POST["item"] ) == true ) {
  $_SESSION["cart"] = [$_POST["item"]];
 }
?>
```

ヒント 8-3

クラスを利用して
プログラムを作ろう

- 9-1　クラスとオブジェクトとは
- 9-2　用意されているクラスを使おう
- 9-3　特別なstatic（静的）
- 9-4　クラスを継承する

 第9章　練習問題

第9章 クラスを利用してプログラムを作ろう

1 クラスとオブジェクトとは

完成ファイル ｜ 📁[php] → 📁[0901] → 📄[pencil_comp.php、useclass_comp.php]

 予習 **クラスというプログラムのまとまり**

多くの機能があるシステムを開発することは、多くの変数や関数が定義されることを意味します。変数や関数の数が増えることによって、ある関数の処理を変更した際に、それを利用する他の変数や関数にどのように影響を与えるのかがわかりづらくなります。

このような事態にならないよう、あらかじめ変数とその変数を利用する関数をクラスとしてまとめておきます。つまり**クラスとは、互いに関係がある変数や関数をまとめたもの**と言えます。

さまざまなデータ(変数)や機能(関数)が混在していると、いざ必要なものを利用するときに、戸惑ってしまいます。

次ページの図のように、役割を明確にし、グループ分けしておくことで、後々利用しやすくなります。

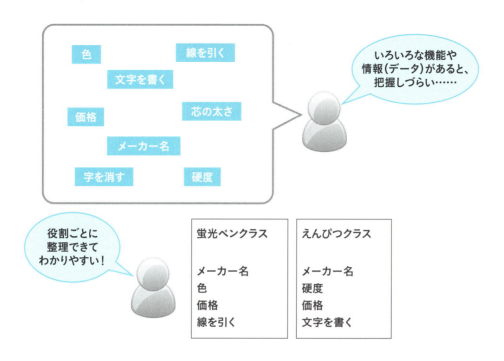

クラスにまとめられた変数を「**プロパティ**」、関数を「**メソッド**」と呼びます。クラスを作成したとき、そのクラスが持つプロパティに具体的なデータを入れて扱うことができるようにします。

また、クラスを元にプロパティに具体的なデータを入れたものを「**オブジェクト**」と呼びます。オブジェクトは、1つのクラスに対していくつでも作成できます。

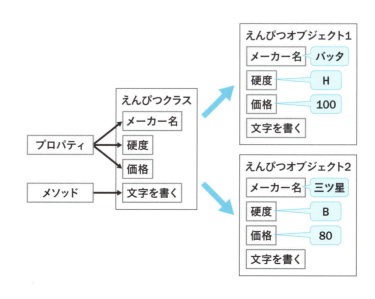

ただ、クラスは単にプロパティとメソッドをまとめただけではありません。クラスにまとめられたプロパティやメソッドのうち、外部に公開する必要のないものを隠すことができます。これを「**アクセス権**」と呼びます。
クラスでは、各プロパティやメソッドに外部からアクセス可能かどうか、アクセス権を定めることができます。

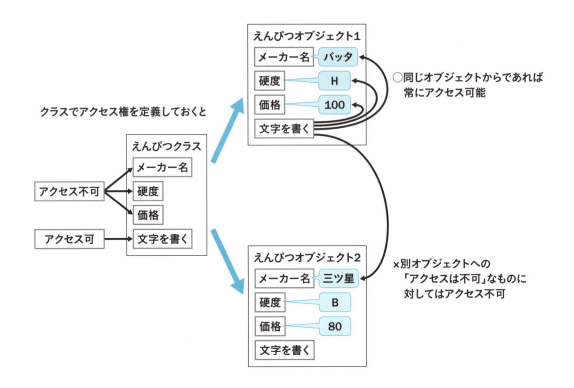

体験 クラスを作って使ってみよう

1 作業用ファイルを開く（pencil.php）

エディタのツリービューで「0901」フォルダに「pencil.php」「useclass.php」「pencil_comp.php」「useclass_comp.php」があることを確認し、このうち作業用ファイルである「pencil.php」をエディタで開きます**1**。なお、「pencil_comp.php」「useclass_comp.php」は完成済のファイルです。

2 プロパティとメソッドを定義する（pencil.php）

pencil.phpのプロパティを、1つ目の「// ここに追加」に記述します**1**。またpencil.phpのメソッドを2つ目の「// ここに追加」に記述します**2**。
プログラムを記述したあとは上書き保存してください。

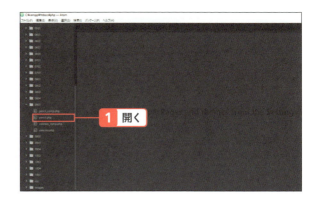

1 入力する

```
04:     private $maker; // メーカー
05:     private $hardness; // 硬度
06:     private $price; // 価格
```

2 入力する

```
24:     public function printData() {
25:         echo "メーカー：{$this->maker}<br>";
26:         echo "硬　度 ：{$this->hardness}<br>";
27:         echo "価　格 ：{$this->price}<br>";
28:     }
```

9-1 クラスとオブジェクトとは

3 オブジェクトの作成とメソッド呼び出しを記述する(useclass.php)

エディタのツリービューからuseclass.phpを開きます。1つ目の「// ここに追加」にオブジェクトの作成を記述します❶。次に2つ目の「// ここに追加」にメソッド呼び出しを記述します❷。

```php
20: <?php
21: // オブジェクトを作る
22: $item = new Pencil ( "バッタ", "H", 100 );
23: // プロパティのデータを表示
24: $item->printData ();
25: ?>
```

❶ 入力する
❷ 入力する

4 ファイルをWebブラウザで開く(useclass.php)

「http://localhost/php/0901/useclass.php」をWebブラウザのURLに指定しアクセスします❶。画面上に2つ分の商品情報が表示されます。

2つ分の商品情報が表示される

❶ 「http://localhost/php/0901/useclass.php」と入力する

理解 クラス設計の特徴

>>> クラスの定義

クラスを定義するための構文は次の通りです。

```
class クラス名 {
    アクセス修飾子 変数宣言;

    アクセス修飾子 メソッドの定義{ }
}
```

アクセス修飾子とは、プロパティやメソッドなどのアクセス権を定めるものです。アクセス修飾子には以下の3種類があります。

アクセス修飾子	説明
public	クラス内部・外部のどこからでもアクセスが可能です。
protected	クラス内部と子クラス（9-4参照）からアクセスが可能です。
private	クラス内部からのみアクセスが可能です。

クラス名を付ける際は、変数名や関数名の場合と同様にわかりやすいものにしてください。

COLUMN クラス名の付け方

一般的にクラス名の先頭は大文字にして、複数の単語からなる場合はそれぞれの先頭を大文字にします。例えば文房具は英語で「writing materials」ですので、クラス名は以下のようになります。

```
class WritingMaterials {

}
```

【体験】の「pencil.php」では、鉛筆に関する情報と機能をまとめたPencilクラスを定義しています。クラス定義のすぐ下に宣言しているのがプロパティです。3つのプロパティには「private」というアクセス修飾子が付いています。

今回のサンプルでは、プロパティにprivate修飾子が付いていますので、同じオブジェクトのメソッドからのみアクセスできます。その代わり、プロパティに「データを代入できる機能」を外部に公開する形で定義しています。この機能には2つあります。1つはコンストラクタ、もう1つはメソッドです。

コンストラクタは、オブジェクトを作成する際に1度だけ呼び出される特別なメソッドです。書式はどのクラスでも共通しており、以下の通りです。

> アクセス修飾子　__construct(引数1, 引数2, …) { }

コンストラクタは、主にオブジェクトにあるメソッドを使うための前準備を記述します。例えば、プロパティにデータを代入することは前準備の1つと言えるでしょう。【体験】では、コンストラクタは3つの引数を定義し、それぞれプロパティにデータを代入する処理をしています。

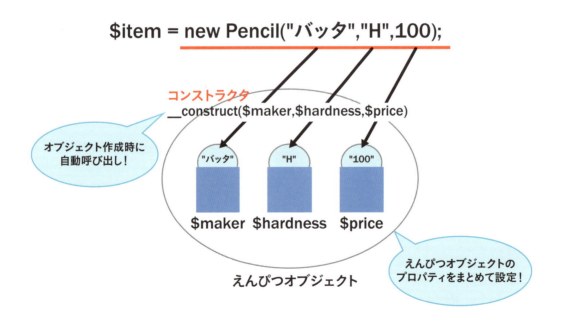

コンストラクタを使う主な理由は、オブジェクトを作るのと同時に、オブジェクトが持つプロパティに値を設定することにあります。

コンストラクタがない場合は、中身の空っぽなオブジェクトができるところが、すでに中身が設定された準備万端のオブジェクトを用意することができるのです。
メソッドからプロパティへは、以下の書式でアクセスできます。このとき、プロパティの前に付いている「$」は記述しません。

```
$this->プロパティ名
```

メソッドについては、前に学習した関数と変わりません。**[体験]** では、受け取った引数をプロパティに代入するsetDataメソッドとプロパティのデータを表示するprintDataメソッドを定義しています。
コンストラクタとsetDataメソッドはまったく同じ処理を記述していますが、**コンストラクタはオブジェクトを作成する際に1度だけ呼び出され、メソッドはオブジェクト作成後いつでも何度でも呼び出せる**ことが大きな違いです。

》》》 クラスの利用

定義されたクラスを元にオブジェクトを作成する書式は以下の通りです。

```
変数名 = new クラス名(データ1, データ2, …);
```

オブジェクトを作成した際、そのクラスにコンストラクタが定義されていれば自動的に呼び出されます。よって、引数に指定するデータは、コンストラクタに対応したものを指定します。
オブジェクトを作成すると、アロー演算子「->」を使ってプロパティやメソッドにアクセスできます。書式は以下の通りです。

```
変数名->プロパティ

変数名->メソッド名(データ1, データ2, …)
```

ただし修飾子が「private」や「protected」のものに関してはアクセスできないので注意してください。**[体験]** の「useclass.php」では、「Pencil」クラスを元にオブジェクトを作成しています。
実際に入力した商品1の情報に関しては、以下の順で処理が行われます。

①Pencil クラスからオブジェクトを作成して「$item」で参照する
②同時にコンストラクタが自動的に呼び出される
　　1 1つ目の引数「"バッタ"」は「$maker」に代入される
　　2 2つ目の引数「"H"」は「$hardness」に代入される
　　3 3つ目の引数「100」は「$price」に代入される
③参照しているオブジェクトのprintDataメソッドを呼び出す
　　1 メーカー、硬度、価格に、それぞれ対応したプロパティに代入されたデータが表示される

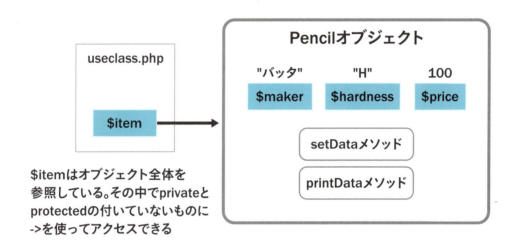

商品2の情報に関しては、以下の順で処理が行われます。

①$item が参照しているsetData を呼び出す
　　1 1つ目の引数「"三つ星"」は「$maker」に代入される
　　2 2つ目の引数「"B"」は「$hardness」に代入される
　　3 3つ目の引数「80」は「$price」に代入される
②参照しているオブジェクトのprintData メソッドを呼び出す
　　1 メーカー、硬度、価格に、それぞれ対応したプロパティに代入されたデータが表示される

変数にオブジェクトが結びついているイメージは、初めての場合は持ちづらいかもしれません。プログラム中でオブジェクトを作成した場合は、そのあとで利用するために名前が必要になります。
以下の図は、Pencilオブジェクトを2つ用意したイメージです。

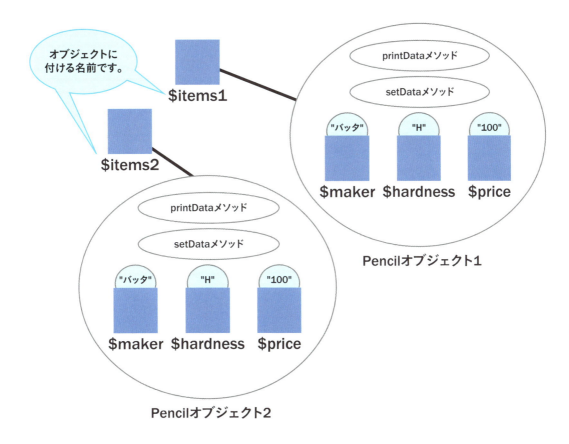

それぞれのオブジェクトを識別するために、変数を利用していると考えても良いでしょう。

まとめ

- 互いに関係のある変数（プロパティ）と関数（メソッド）をクラスにまとめて管理できる
- クラスを元に具体的なデータを持たせたオブジェクトを作成して利用する
- オブジェクト作成時に自動的に呼び出されるコンストラクタを定義できる
- プロパティ、メソッド、コンストラクタにはアクセス権を持たせて外部からのアクセスを制限できる

第9章 クラスを利用してプログラムを作ろう

2 用意されているクラスを使おう

完成ファイル [php] → [0902] → [usemethod_comp.php]

予習 用意されているクラスたち

クラスは必ずしも自分で定義しなければならないものではありません。**PHPでは汎用的な機能を持ったクラスがすでに定義**されており、プログラマは必要なときに、そのクラスを自由に利用できます。

定義済みクラスの1つにArrayObjectクラスがあります。このクラスを使うと**オブジェクトを配列として管理する**ことができます。

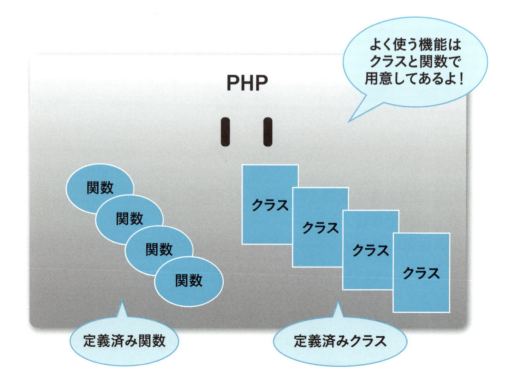

体験 用意されているクラスを使ってみよう

1 作業用ファイルを開く

エディタのツリービューで「0902」フォルダに「pencil.php」「usemethod.php」「usemethod_comp.php」があることを確認し、このうち作業用ファイルである「usemethod.php」をエディタで開きます **1**。なお、「usemethod_comp.php」は完成済のファイルです。

2 配列要素を作成するプログラムを記述する

「usemethod.php」の1つ目の「// ここに追加」にオブジェクト用配列を作成するプログラムを記述します **1**。
プログラムを記述したあとは上書き保存してください。

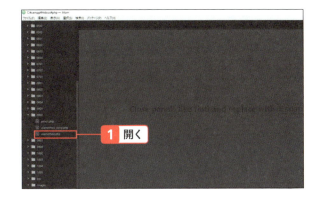

```
19:     <?php
20:     //  オブジェクト用の配列を作る
21:     $ary = new ArrayObject ();          1 入力する
22:
23:     //  オブジェクトを作る
24:     $item1 = new Pencil ( "バッタ", "H", 100 );
25:     $item2 = new Pencil ( "三つ星", "B", 80 );
26:     $item3 = new Pencil ( "かいてる", "H", 120 );
```

9-2 用意されているクラスを使おう | 249

3 配列に要素を追加するプログラムを記述する

次に「usemethod.php」の2つ目の「// ここに追加」に配列に要素を追加するプログラムを記述します❶。

```
28:     // 配列に要素を追加する
29:     $ary->append ( $item1 );
30:     $ary->append ( $item2 );
31:     $ary->append ( $item3 );
```

❶ 入力する

3 ファイルをWebブラウザで開く

「http://localhost/php/0902/usemethod.php」をWebブラウザのURLに指定しアクセスします❶。画面上に3つ分の商品情報が表示されます。

3つ分の商品情報が表示される

❶ 「http://localhost/php/0902/usemethod.php」と入力する

理解 さまざまなクラスの調べ方

定義済みのクラスやクラスが持つメソッドを利用する方法は、以下のように、自身で定義したクラスと同じです。

```
変数名 = new 定義済みのクラス名();

変数名->メソッド名();
```

[体験]では、ArrayObjectオブジェクトを作成し、appendメソッドの引数にPencilクラスを元に作成したオブジェクトを渡しています。これによって、Pencilオブジェクトの情報がArrayObjectオブジェクト内にある配列に参照されます。
countメソッドは、ArrayObjectオブジェクトが管理している配列の要素数を返します。[体験]では、3つのPencilオブジェクトの要素をappendしているので「3」が返ります。

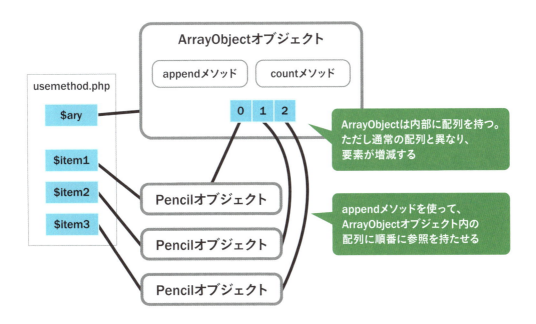

ArrayObjectクラスはその他にも多くのプロパティやメソッドを持っています。PHPでは定義済みクラスの詳細をWeb上で公開されています。詳細を確認するには、Webブラウザで`http://php.net/manual/ja/`を入力します。

関数リファレンスにある、その他の基本モジュールのリンクをクリックします。

SPLにある、その他のクラスおよびインタフェースのリンクをクリックします。

ArrayObjectクラスのリンクをクリックします。

導入にはクラスの利用目的、目次にはメソッドの概要が掲載されています。それぞれのリンクからその詳細を確認できます。

PHPを学習するうえで、リファレンスに掲載されている関数やクラス群を覚える必要はありません。ただし、リファレンスの存在は覚えておき、実際に定義済み関数やクラスを使用する際は、内容確認のために閲覧するクセを付けておくと良いでしょう。

まとめ

- **クラスには定義済みのものがあり、自身で定義したものと同じように利用できる**
- **定義済みのクラスはリファレンスを見ることで内容を理解できる**

第9章 クラスを利用してプログラムを作ろう

3 特別なstatic(静的)

完成ファイル | 📁[php] → 📁[0903] → 📄[bill_comp.php、usestatic_comp.php]

予習 staticなプロパティ・メソッドとは

「static」は修飾子の1つで、プロパティやメソッド定義に付けられるものです。これまで、クラスを定義したらオブジェクトを作成して、それらを利用することを学習してきましたが、**static修飾子の付いたものはオブジェクトを作成しなくても利用できます。**
よって、どのオブジェクトでも共通して扱えるデータや機能には「static」を付けて定義します。

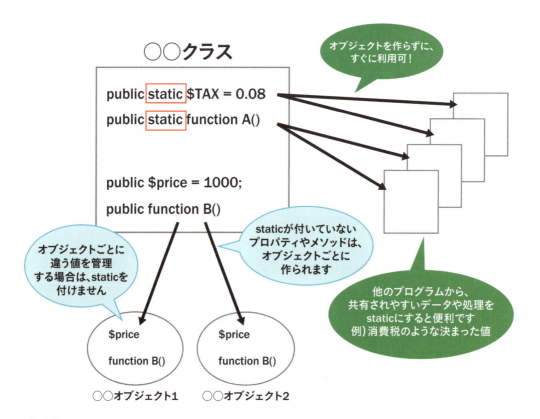

254 第9章 クラスを利用してプログラムを作ろう

体験 staticなプロパティ・メソッドを使ってみよう

1 作業用ファイルを開く

エディタのツリービューで「0903」フォルダに「bill.php」「usestatic.php」「bill_comp.php」「usestatic_comp.php」があることを確認し、このうち作業用ファイルである「bill.php」をエディタで開きます❶。なお、「bill_comp.php」「usestatic_comp.php」は完成済のファイルです。

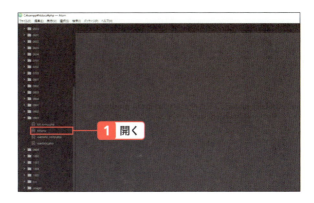

2 税率を算出するプログラムを記述する（bill.php）

bill.phpの1つ目の「// ここに追加」に税率の記述❶、2つ目の「// ここに追加」に税率を算出する処理を記述します❷。
プログラムを記述したあとは上書き保存してください。

>>>Tips

「number_format()」は引数の数値を、金額表示形式（3桁ごとにカンマを付ける）の文字列に変換してくれる関数です。

```php
01: <?php
02: class Bill {
03:   public static $TAX = 0.08;      // 税率
04:
05:   // 税込み価格を算出するメソッド
06:   public static function payOff($money) {
07:     $money = ( int ) ( $money * (1 + self::$TAX ));
08:     $money = number_format ( $money );
09:
10:     return $money;
11:   }
12: }
13: ?>
```

❶ 入力する
❷ 入力する

9-3 特別なstatic（静的） 255

3 プロパティやメソッドを利用するプログラムを記述する（usestatic.php）

エディタのツリービューからusestatic.phpを開きます。「// ここに追加」にstatic修飾子の付いたプロパティやメソッドを利用する処理を記述します❶。

プログラムを記述したあとは上書き保存してください。

```
usestatic.php
 1  <?php
 2  // クラスを定義したファイルの読み込み
 3  require_once ("bill.php");
 4  ?>
 5  <!DOCTYPE html>
 6  <html lang="ja">
 7  <head>
 8    <meta charset="UTF-8">
 9    <title>staticなプロパティ・メソッドを使ってみよう</title>
10    <link rel="stylesheet" href="/php/css/skyblue.css">
11  </head>
12  <body>
13    <div class="bg-success padding-y-20">
14      <div class="container text-center">
15        <h1>staticなプロパティ・メソッドを使ってみよう</h1>
16      </div>
17    </div>
18    <div class="container padding-y-20">
19      <?php
20      $money = 1000;
21      echo "税抜き価格 ： " . number_format ( $money ) . "円<br>";
22
23      // staticなプロパティやメソッドへのアクセス
24      // ここに追加
25      echo "消費税率    ： " . Bill::$TAX . "%<br>";
26      echo "税込み価格 ： " . Bill::payOff ( $money ) . "円<br>";
27      ?>
28    </div>
29  </body>
30  </html>
31
```

❶ 入力する

```
25:      echo "消費税率    ： " . Bill::$TAX . "%<br>";
26:      echo "税込み価格 ： " . Bill::payOff ( $money ) . "円<br>";
```

4 ファイルをWebブラウザで開く

「http://localhost/php/0903/usestatic.php」をWebブラウザのURLに指定しアクセスします（❶）。税抜き価格、消費税率、税込み価格が表示されます。

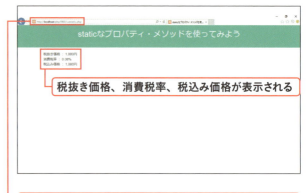

税抜き価格、消費税率、税込み価格が表示される

❶「http://localhost/php/0903/usestatic.php」と入力する

理解 staticなプロパティと定数

[体験]の「bill.php」では、定義したBillクラスは内税の商品の支払金額を求める機能があります。プロパティの「$TAX」は消費税率をデータとして持ちますが、消費税率は一律に決まっているため、オブジェクト作成のたびに同じデータを代入するのは手間がかかります。このように、**オブジェクトごとに変化しないデータや、値を共有したいデータには**static修飾子を付けます。

メソッドも同様に、引数に受け取ったデータに消費税率を掛け、3桁のカンマ区切りにしたデータを返しています。これも**オブジェクトによらず、利用者に共通した機能を提供していますので、**static修飾子を付けます。

static修飾子の付いた変数には、主に2つのアクセス方法があります。
1つは外部から以下の書式でアクセスする方法です。

```
クラス名::変数名
クラス名::メソッド名(データ1, データ2, …)
```

もう1つは、同じクラス内のstatic修飾子の付いたメソッドから以下の書式でアクセスする方法です。「self」は自身のクラスを意味するキーワードです。どちらもアロー演算子ではなくスコープ定義演算子(::)を使うことに注意してください。[体験]の「usestatic.php」では、Billクラスのクラス名を指定してアクセスしています。

```
self::変数名
self::メソッド名(データ1, データ2, …)
```

まとめ

- オブジェクトが共有するプロパティやプロパティの影響を受けない汎用的なメソッドにはstatic修飾子を付ける
- static修飾子の付いたものにはオブジェクトを作成しなくてもアクセスできる

第 9 章 クラスを利用してプログラムを作ろう

4 クラスを継承する

完成ファイル｜ [php] → [0904] → [mechanicalpencil_comp.php、useinheritance_comp.php]

予習　継承でクラスは発展していく

日常の生活で何か新しいものを作ろうとした場合、ゼロから作り上げるよりも、何かを参考にしてそれに手を加えたほうが効率良く、間違いのないものが作れます。
クラス設計においても同様に、「新しいクラスを定義する際、参考になるクラスに手を加えて作成できないか」を検討します。このようなクラスの作り方を**継承**と呼び、**参考になるものを親クラス、手を加えて作ったものを子クラス**と呼びます。

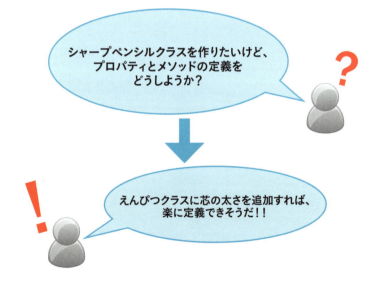

継承させたクラスを作ろう

1 作業用ファイルを開く

エディタのツリービューで「0904」フォルダに「pencil.php」「mechanicalpencil.php」「useinheritance.php」「mechanicalpencil_comp.php」「useinheritance_comp.php」があることを確認し、このうち作業用ファイルである「mechanicalpencil.php」をエディタで開きます❶。なお、「mechanicalpencil_comp.php」「useinheritance_comp.php」は完成済のファイルです。

2 メソッドを定義するプログラムを記述する（mechanicalpencil.php）

プロパティのデータを表示するメソッドを定義するプログラムを、「// ここに追加」に記述します❶。
プログラムを記述したあとは上書き保存してください。

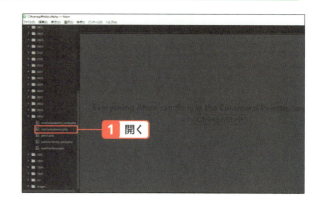

```
21: public function printAllData() {
22:   parent::printData ();
23:   echo "芯の太さ:{$this->thickness}<br>";
24: }
```

9-4 クラスを継承する

3 メソッド呼び出しのプログラムを記述する（useinheritance.php）

エディタのツリービューからuseinheritance.phpを開きます。1つ目の「// ここに追加」に、先ほど定義したメソッドの呼び出しを記述します❶。2つ目の「// ここに追加」にも同様に記述します❷。

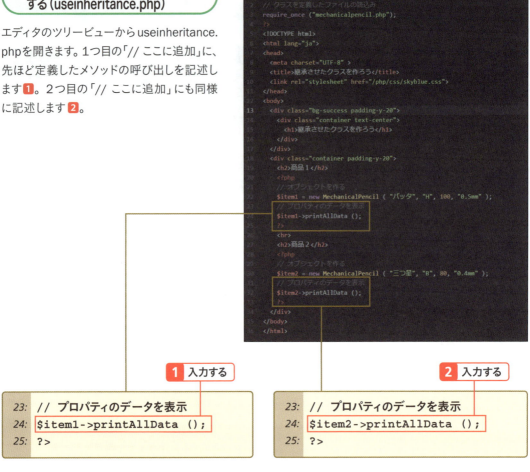

❶ 入力する

```
23: // プロパティのデータを表示
24: $item1->printAllData ();
25: ?>
```

❷ 入力する

```
23: // プロパティのデータを表示
24: $item2->printAllData ();
25: ?>
```

4 ファイルをWebブラウザで開く

「http://localhost/php/0904/useinheritance.php」をWebブラウザのURLに指定しアクセスします❶。商品ごとにメーカー、硬度、価格、芯の太さなどの情報が表示されます。

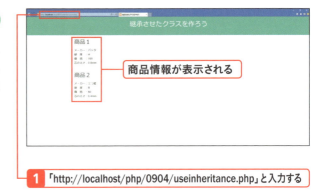

商品情報が表示される

❶「http://localhost/php/0904/useinheritance.php」と入力する

理解 継承のメリット・デメリット

継承を行う際の書式は以下の通りです。

```
class 子クラス名 extends 親クラス名 { }
```

[体験]の「mechanicalpencil.php」では、シャープペンシルの機能を持ったMechanicalPencilクラスを定義しています。このクラスはゼロから定義せずにPencilクラスに機能を追加する方法、すなわち継承を行っています。このとき親クラスは「Pencil」、子クラスは「MechanicalPencil」になります。

以下の図のPencilクラスとMechanicalPencilクラスの関係のように、子クラスは親クラスを1つしか持てません。「単一継承」と呼ばれ、extendsの後ろに書けるクラスは1つだけという決まりがあります。

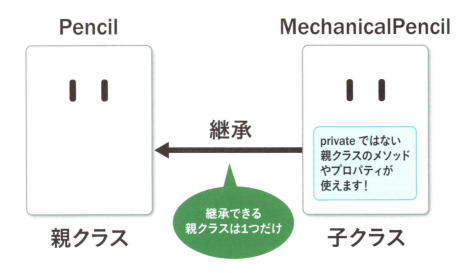

ただし、親クラスの下にたくさんの子クラスがいることはかまいません。

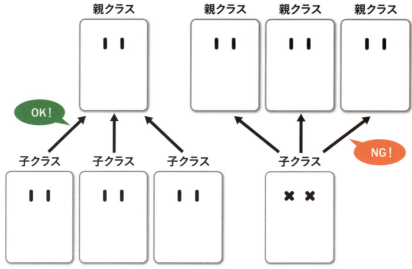

１つの親クラスにたくさんの子クラス　１つの子クラスにたくさんの親クラス

継承することで、親クラスのプロパティやメソッドを利用できます。親クラスへはスコープ解決演算子(::)を使い、以下の書式でアクセスします。「parent」は親クラスを意味するキーワードです。

```
parent::親クラスのプロパティ名

parent::親クラスのメソッド名（データ1，データ2，…）
```

なお **継承関係にあっても子クラスから親クラスのprivate修飾子の付いたものにはアクセスできない**ため、親クラスのコンストラクタやメソッドを利用してプロパティにデータの代入やプロパティからデータの取得を行います。

[体験]の「useinheritance.php」では、MechanicalPencilクラスのオブジェクトを作成していますが、作成方法やメソッドの呼び出し際の書式は変わりません。
入力した商品2の情報については、以下の順で処理が行われます。

①MechanicalPencilクラスからオブジェクトを作成し、「$item2」で参照する
②同時にコンストラクタが自動的に呼び出される
　1　1つ目〜3つ目の引数は、そのまま親クラスであるPencilクラスのコンストラクタに渡され、それぞれ「$maker」「$hardness」「$price」に代入される
　2　4つ目の引数「"0.4mm"」は「$thicness」に代入される
　3　参照しているオブジェクトのprintAllDataメソッドを呼び出す

④ 親クラスにある printData メソッドを呼び出し、メーカー・硬度・価格が表示される
⑤ printAllData メソッドに処理が戻り、太さが表示される

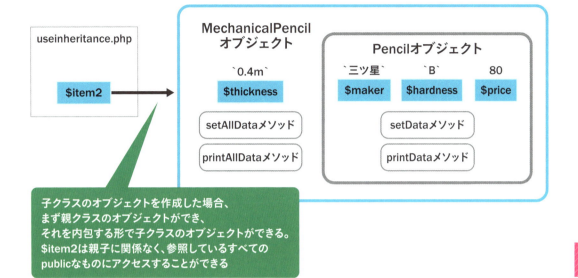

継承は親クラスの機能をそのまま使うため、子クラスだけが持つもののみを追加で記述すれば良いのです。このような記述法を「**差分コーディング**」または「**差分プログラミング**」と呼びます。

差分コーディングは「単純に記述の量が減る」というだけでなく、「すでに動作しているものを利用するため、その分のバグが出ない」というメリットがあります。

しかし、「親クラスの処理が変更されると影響を全面的に受ける」ことや、「子クラスだけを見てもすべての内容がわからない」などのデメリットもあります。

継承はしっかりとしたクラス設計を行うことによって、初めて有効に活用できるのです。

まとめ

- 新たにクラスを作成する際、親クラスを継承して子クラスを定義できる
- 子クラスは親クラスのプロパティやメソッドを持っているが、private 修飾子のものに関してはアクセスできない
- 親クラスの定義を更新する場合、子クラスへの影響を十分に考慮する必要がある

第9章 練習問題

■**問題1**

次の文章の穴を埋めよ。

> クラスには変数とその変数を扱う関数をまとめておく。クラス内に定義した変数を ① 、関数のことを ② と呼ぶ。 ① に具体的なデータを入れたものを ③ と呼ぶ。1つのクラスに対して ③ はいくつも作ることができる。

ヒント 9-1

■**問題2**

次の文がそれぞれ正しいかどうかを○×で答えなさい。

> ①クラス内部・外部のどこからでもアクセスできるアクセス修飾子はprivateである。
> ②コンストラクタとは、オブジェクトが作成されるタイミングで呼び出される特別なメソッドである。
> ③オブジェクト内のプロパティやメソッドにはアロー演算子を使ってアクセスする必要がある。

ヒント 9-2、9-3

■**問題3**

以下のクラスのオブジェクトを作成する記述を選択肢の中から選びなさい。

```
class Person {
  private $name;
  private $age;
  public function __construct($name,$age){
    $this->$name = $name;
    $this->$age = $age;
  }
}
```

① $suzuki = new Person("スズキ",20);
② $suzuki = Create Person("スズキ",20);
③ $suzuki = new Person($this->$name = "スズキ", $this->$age = 20);

ヒント 9-3

第10章 データベースとPHPを連携しよう

10-1　データベースとは

10-2　必要なデータを検索するプログラム

10-3　データを追加するプログラム

10-4　データを更新するプログラム

10-5　データを削除するプログラム

>>> 第10章　練習問題

第10章 データベースとPHPを連携しよう

1 データベースとは

完成ファイル | なし

 予習 さまざまなデータを保存するデータベース 》》》

データベースとは文字通り、「データを蓄えておくベース（基地）」です。**データベースでは、「データ」と「データを効率良く管理するためのしくみ」を提供**しており、PHPなどのプログラムと連携してシステムを構築していきます。
データは主にテーブル（表）形式で管理され、プログラムからの要求に応じて必要なデータを返します。

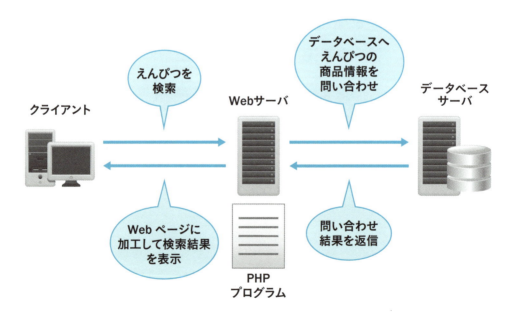

本章では、有名なデータベースアプリケーションであるMySQLから派生したMariaDBを使用します。MySQLとMariaDBは異なる部分もありますが、本章で学習する範囲では同じように使用できます。

体験 データベースを作成しデータを用意しよう

1 XAMPP Control Panelを起動する

Windowsのスタートメニューから「XAMPP Control Panel」を実行します 1 。

2 MySQLを起動する

「MySQL」の右にある「Start」ボタンをクリックします 1 。「MySQL」の文字の背景が薄い緑色になれば起動は完了しています。

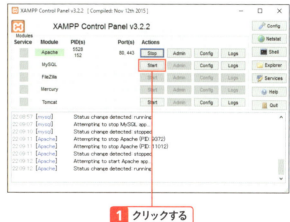

3 phpMyAdminを起動する

Webブラウザを起動して「http://localhost/phpmyadmin」とURLを入力します 1 。「phpMyAdmin」というMySQLの管理ページに遷移します。

10-1 データベースとは 267

4 データベース名を入力する

phpMyAdminのトップページの上部にある「データベース」タブを選択します❶。「データベースを作成する」欄に「stationery」と入力し、その右にある「照合順序」から「utf8_general_ci」を選択します❷。「照合順序」は、日本語等のマルチバイト文字を比較する際に必要な設定です。」次に、その右にある「作成」ボタンをクリックします❸。

5 テーブルを作成する

左の欄で「stationery」が選択されていることを確認します❶。「テーブルを作成」にある「名前」欄に「pencils」と入力し❷、右下にある「実行」ボタンをクリックします❸。

6 テーブルの列定義を行う

テーブル名が「pencils」になっていることを確認し❶、以下の表にあるようにテーブルの設定（入力もしくは選択）を行います。ここでは、テーブルが持つ列名と、その列のデータ型や最大何桁入るのかなどを設定しています❷。設定が完了したあとは右下の「保存する」ボタンをクリックします❸。

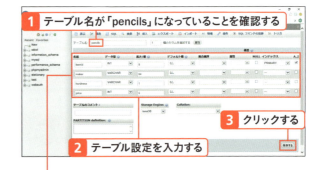

名前	データ型	長さ/値	インデックス	A_I
itemId	INT	8	PRIMARY	チェックあり
maker	VARCHAR	64		
hardness	VARCHAR	1		
price	INT	6		

7 テーブルにデータを追加する

Webページ上部にある「挿入」タブを選択します❶。以下の表にあるように値を入力します❷。設定が完了したあとは右下の「実行」ボタンをクリックします❸。

名前	値
maker	バッタ
hardness	H
price	100

「1行挿入しました。」というメッセージが表示されれば設定は完了です。

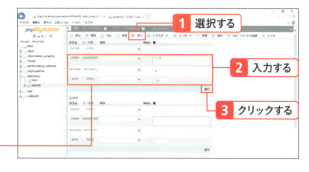

8 テーブルにデータを追加する

再び「挿入」タブを選択します❶。 7 を参考に以下の表にある3つ分のデータを同じように入力します。

名前	値		
	2つ目	3つ目	4つ目
maker	三つ星	かいてる	かいてる
hardness	B	H	B
price	80	120	120

「表示」タブを選択し❷、4件分のデータが挿入されていれば完了です。

COLUMN データベースアプリケーションについて

データベースアプリケーションでは、複数のデータベースを管理できます。また1つのデータベースは、複数のテーブルを管理できます。

理解 SQLの基本

▶▶▶ 本書で使用するデータベース

本章では、まずデータベースとテーブルを作成します。以降でそのデータベースを使って、データの検索・追加・更新・削除を体験していきましょう。本章で作成するデータベースは以下の通りです。

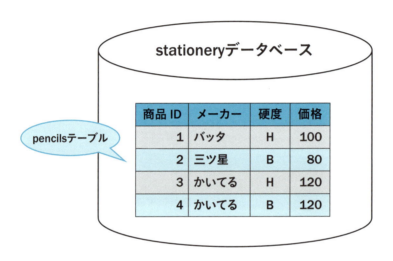

▶▶▶ SQLの実行

phpMyAdminは、XAMPPに含まれるMariaDB（MySQL）を管理するためのソフトウェアです。**データベースやテーブルの作成や、プログラムからテーブルへ問い合わせするための言語であるSQLの実行**などを簡単に行うことができます。

「表示」タブの上部に以下の構文があることが確認できます。

```
SELECT * FROM `pencils`
```

この構文が**SQL**と呼ばれるものです。このSQL文では、pencilsテーブルにあるすべてのデータを検索しています。
SQL文でテーブルに対して行う操作として、以下の4つがあります。

- 検索
- 挿入
- 更新
- 削除

本章の[体験]を実行することで、これらの操作を実際に確認できます。

> **COLUMN　SQLの表記について**
>
> テーブル名を囲うバッククォーテーション「` `」は省略できます。
> データとしての文字列はシングルクォーテーション「' '」で囲う必要があります。

まとめ

- **大量のデータは、データベースに保管する**
- **データベースソフトのMySQLでは、データをテーブル形式で管理する**
- **データベースはSQLを用いて操作するが、MySQLではphpMyAdminというGUIツールを使うこともできる**

第10章 データベースとPHPを連携しよう

2 必要なデータを検索するプログラム

完成ファイル | [php] → [1002] → [selectResult_comp.php]

予習　データベースと接続して必要なデータを検索

PHPからテーブルに対して問い合わせする場合は、以下の流れとなります。

①**ユーザ名とパスワードを指定してデータベースに接続する**
②**接続に成功するとデータベースへの接続情報が返される**
③**データベース接続情報を使ってテーブルに対して問い合わせを行う**
④**問い合わせ結果を受け取って表示する**
⑤**データベースとの通信を切断する**

テーブルに対して検索を行うには、以下の「**SELECT**」で始まるSQL文を使用します。

```
SELECT 列名,列名,…… FROM テーブル名
```

テーブルにあるすべての列に対して検索を実行する場合は、以下のように列名の代わりにアスタリスク「*」を使用します。

```
SELECT * FROM テーブル名
```

また、条件を指定してから検索を実行することも可能です。

```
SELECT 列名,列名,…… FROM テーブル名 WHERE 検索条件

SELECT * FROM テーブル名 WHERE 検索条件
```

体験 テーブルからデータを検索して表示しよう

1 作業用ファイルを開く

エディタを開き、「php」フォルダ内の「1002」フォルダに「header.php」「pencil.php」「selectIndex.php」「selectResult.php」「selectResult_comp.php」があることを確認し、このうち作業用ファイルである「selectResult.php」をエディタで開きます❶。「selectResult_comp.php」は完成済のものです。

2 データベースへの接続とSQL文を記述する

「selectResult.php」の1つ目の「// ここに追加」にデータベースへの接続を記述します❶。2つ目の「// ここに追加」にSQL文を記述します❷。

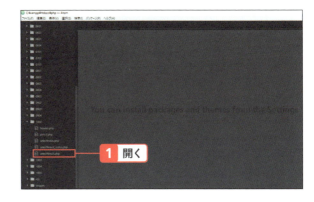

```
11:    // データベースへ接続
12:    $dsn = "mysql:dbname=stationery;host=localhost;port=3306;charset=utf8";
13:    $user = "root";
14:    $password = "";
15:
16:    $dbInfo = new PDO ( $dsn, $user, $password );        1 入力する
17:
18:    // SQL (検索) の実行
19:    if ($pMaker == "すべて") {
20:      $sql = "SELECT * FROM pencils";                    2 入力する
21:    } else {
22:      $sql = "SELECT * FROM pencils WHERE maker='" . $pMaker . "'";
23:    }
```

10-2 必要なデータを検索するプログラム

3 問い合わせ文を記述する

「selectResult.php」の3つ目の「// ここに追加」に問い合わせ文を記述します❶。

```
27:    // データの数だけ繰り返し
28:    foreach ( $dbInfo->query ( $sql ) as $record ) {
29:        $id = $record ["itemId"];
30:        $maker = $record ["maker"];
31:        $hardness = $record ["hardness"];
32:        $price = $record ["price"];
33:        $value = new Pencil ( $id, $maker, $hardness, $price );
```

❶ 入力する

4 データの検索を実行する

「http://localhost/php/1002/selectIndex.php」をWebブラウザのURLに指定しアクセスします❶。任意のメーカーか「すべて」を選択し、「検索する」ボタンをクリックすると❷、検索結果を表示する「selectResult.php」に遷移します。

❶ 「http://localhost/php/1002/selectIndex.php」と入力する

❷ 「すべて」を選択し、「検索する」ボタンをクリックする

理解 データベース接続処理の流れ

>>> Pencilクラスの修正

ここでは、データベースを利用する前準備として、Pencilクラスを以下のように修正しています。

- pencilsテーブルに合わせて「$id」メンバーを追加する
- printDataメソッドをhtmlのテーブルとして表示可能にする

>>> 検索用のトップページ

「selectIndex.php」は検索条件をセレクトボックスで指定します。「検索する」ボタンをクリックすると、選択した項目のvalue属性に設定した値が「selectResult.php」に送信されます。

>>> 検索結果を表示するページ

PHPでは、データベースやテーブルの操作に必要な機能をまとめたPDOクラスが提供されています。[体験]のプログラムでその両方を確認していきましょう。
「selectResult.php」では、送信データを受け取った後にPDOクラスを利用してデータベースに接続しています。PDOクラスをインスタンス化する書式は以下の通りです。

```
変数名 = new PDO( データソース名, ユーザ名, パスワード );
```

データソース名(Data Source Name)とは、データベースの情報を含めた文字列です。「mysql:」から始まり、利用するデータベース名、データベースサーバのアドレスとポート番号、文字コードを指定します。
ユーザ名とパスワードは、MySQLに登録されているものを指定します。MariaDB（MySQL）のインストール時、管理者ユーザとしてユーザ名「root（パスワードなし）」が登録されていますので、それを利用します。
PDOのインスタンス化に必要な情報は直接引数に指定してもかまいませんが、確認しやすいように変数に代入して利用しています。インスタンス化に成功すると、変数「$dbInfo」にはデータベースとやり取りするための情報が代入されます。これはデータベースとのやり取りの前準備として必要な処理になります。

次に、データベースに問い合わせをするためのSQLを作成します。今回のサンプルでは、セレクトボックスで選択した項目によって「全件検索する」か「メーカー名を検索条件とする」かを決めています。

ここまでの準備ができたらいよいよ実行です。データベースに問い合わせを実行する命令は以下の通りです。

> *PDOオブジェクトを代入した変数名*->query(*SQL文*)

実行命令が繰り返し文の中で記述されています。この動作は以下のイメージで動作しています。

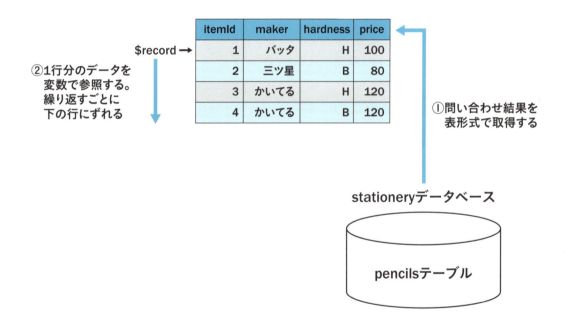

foreach文を使うことで**「検索結果を1行ずつ参照する」ということを、行数分繰り返す**処理になります。**[体験]**のプログラムでは、参照している1行の情報を変数「$record」に代入して処理することを、計4回繰り返しています。

参照している行の値を取得する場合は、以下のように記述します。

1行を参照している変数名[列名]

参照している行は、**テーブルの列名をキーとした連想配列**の形で扱います。
[体験]のプログラムでは、1行分のデータをPencilオブジェクトに格納し、それを配列で扱うようにしています。
データベースに対する処理が終わったら、データベースと切断します。書式は以下の通りです。

PDOオブジェクトを代入した変数名 `= null;`

変数に「null」を代入することで、データベース情報の参照が切れるため、この命令以降データベースに再度アクセスする場合は、改めてPDOオブジェクトを作成する必要があります。
最後は検索結果を表示し、検索処理が終了します。

まとめ

- ●PHPからデータベースを利用する場合は、前準備としてPDOオブジェクトを生成し、データベースの接続情報を取得する
- ●次にSQLを実行し、問い合わせ結果に対して処理を行う
- ●問い合わせが終わったら、データベースを切断（接続情報の解放）する
- ●検索処理にはSELECT文を使用する
- ●検索結果はテーブル形式のイメージで戻ってくる
- ●検索結果は1行ずつ参照し、列名を指定してデータを取り出す

第10章 データベースとPHPを連携しよう

3 データを追加するプログラム

完成ファイル | 📁[php] → 📁[1003] → 📄[insertResult_comp.php]

 予習 新たなデータを追加する

テーブルにデータを追加する流れも検索と変わりませんが、SQL文が異なります。テーブルに対して追加を行うには、次のSQL文を使用します。

```
INSERT INTO テーブル名(列名,列名,・・・) VALUES(値, 値,……)
```

列名と値の数と並び順は必ず一致させてください。テーブルのすべての列に対して検索をする際は、列名を省略できます。

```
INSERT INTO テーブル名 VALUES(値, 値,・・・)
```

列名を省略した場合、MySQLで作成した列の順に値を指定していきます。

体験 テーブルにデータを追加しよう

1 作業用ファイルを開く

エディタのツリービューで「1003」フォルダに「header.php」「insertIndex.php」「insertResult.php」「insertResult_comp.php」があることを確認し、このうち作業用ファイルである「insertResult.php」をエディタで開きます1。なお、「insertResult_comp.php」は完成済のファイルです。

2 SQLの作成・登録・実行の処理を記述する

「insertResult.php」の1つ目の「// ここに追加」にSQL文の登録1、2つ目の「// ここに追加」にSQLの登録2、3つ目の「// ここに追加」にSQL文実行の処理を記述します3。

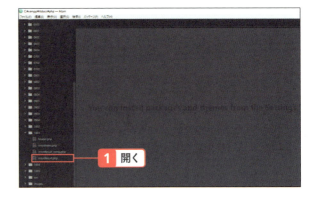

```
18:     // SQL(挿入)の実行
19:     $sql = "INSERT INTO pencils(maker, hardness, price) VALUES (:maker, :hardness, :price)";
20:     $stmt = $dbInfo->prepare ( $sql );
21:     $stmt->bindParam ( ":maker", $pMaker, PDO::PARAM_STR );
22:     $stmt->bindParam ( ":hardness", $pHardness, PDO::PARAM_STR );
23:     $stmt->bindValue ( ":price", $pPrice, PDO::PARAM_INT );
24:     $result = $stmt->execute ();
```

1 入力する
2 入力する
3 入力する

10-3 データを追加するプログラム

3 データの追加を実行する

「http://localhost/php/1003/insertIndex.php」をWebブラウザのURLに指定しアクセスします①。追加したい「メーカー」「硬度」「価格」を選択・入力して②、「追加する」ボタンをクリックすると③、「insertResult.php」に遷移し、データが追加されていることが確認できます。

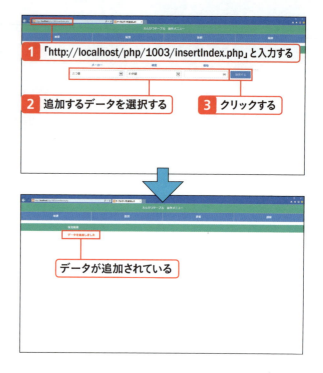

理解 検索処理と追加処理の違い

>>> 追加用のトップページ

「insertIndex.php」では、挿入するデータを選択もしくは入力して「追加する」ボタンを押すことで、「insertResult.php」に遷移します。

>>> 追加結果を表示するページ

「insertResult.php」では、受け取ったデータをpencilsテーブルに追加します。その前準備として、PDOオブジェクトを作成するまでの流れは検索処理と同じです。
追加用のSQL文は最初から完成した文を作らずに、値の部分を後から設定できるようにします。書式は以下の通りです。

```
INSERT INTO テーブル名(列名, 列名, ・・・) VALUES(プレースホルダ, プレースホルダ, ……)
```

プレースホルダとは「挿入位置を決めるためのキーワード」です。**プレースホルダで指定している場所には、後から具体的な値を入れる**ことになります。今回のサンプルでは、「:maker」「:hardness」「:price」がプレースホルダになります。つまりこの時点では、INSERT文はまだ完全な状態ではありません。

```
INSERT INTO pencils(maker, hardness, price)
     VALUES(:maker, :hardness, :price)
```

ここはまだ仮の値

```
INSERT INTO pencils(maker, hardness, price)
     VALUES(   ,   ,   )
            :maker :hardness :price
```

虫食い状態のSQLと同じ(このままでは実行できない)

次に、この状態のSQL文をテンプレートとして登録します。書式は以下の通りです。

> 変数名 = PDOオブジェクトを代入した変数名->prepare(SQL文)

prepareメソッドはSQL実行の準備を行います。成功すると実行準備の整ったSQL文の情報が戻り値として戻ってくるので、変数に代入します。
準備ができたら、プレースホルダに具体的な値をセットしていきます。構文は以下の通りです。

> SQL実行の準備を代入した変数名->bindParam(プレースホルダ, 具体的な値, データ型);

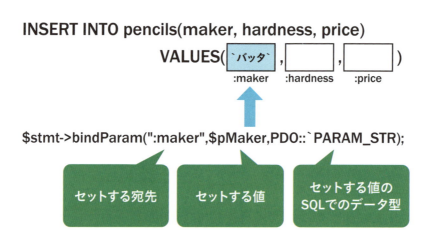

データ型の指定は必須ではありませんが、省略した場合は文字列と判断されるので、できるだけ指定するようにします。文字列の場合は「PDO::PARAM_STR」、数値の場合は「PDO::PARAM_INT」になります。この命令でプレースホルダの部分に、フォームから送信されたデータがセットされます。INSERT文の実行は以下の通りです。

> SQL実行の準備を代入した変数名->execute();

SQLを実行したあとに、以下の処理によって何行の更新を行ったかを取得することが可能です。rowCountメソッドの戻り値は更新行数となります。今回の処理のように1行の更新を行った場合は、「1」が戻り値となります。

この戻り値は、追加の成功か失敗を表示するメッセージの判定に使われます。

```
$result = $stmt->rowCount();
```

1件の場合はこれで追加処理が終わりになりますが、複数の件数を追加する場合は、「プレースホルダに具体的な値をセットして実行」を繰り返せば良いです。

この方法を使うメリットは、複数の件数をまとめて追加する際に処理効率が良いということが挙げられます。

最後にデータベースの切断を行って挿入処理が終了します。

望んだ値が追加されたかどうかは、検索メニューから確認してください。

まとめ

- データベースを利用する大きな流れは検索処理と同じ
- 追加処理にはINSERT文を使用する
- INSERT文はプレースホルダを使い、挿入する値以外の部分をテンプレートとして登録しておく
- 追加するデータをプレースホルダにセットし、実行することでデータが追加される
- 追加した結果、テーブルに追加された行数が返ってくる

第10章 データベースとPHPを連携しよう

4 データを更新するプログラム

完成ファイル | なし

予習 すでにあるデータの更新

テーブルにあるデータを更新するには、次のSQL文を使用します。

```
UPDATE テーブル名 SET 列名=値,列名=値,…… WHERE 条件
```

UPDATE文では、SETの後に、「列名＝値」の書き方で、更新したい列数分だけ、「,」(カンマ)で区切って記述できます。WHEREの条件には更新したい行を特定するため、主キー(今回の場合は、itemId)などを指定します。
WHERE句以降の条件指定を記述しない場合、すべての行が指定した値に更新されますので注意が必要です。

体験 テーブルのデータを更新しよう

1 作業用ファイルを確認する

エディタのツリービューで「1004」フォルダに「header.php」「updateConfirm.php」「updateIndex.php」「updateResult.php」があることを確認します。なお、ここではファイルの編集は行いません。

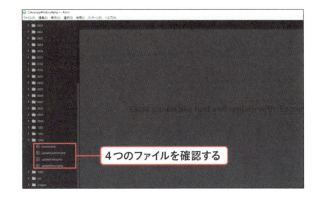

4つのファイルを確認する

2 データの更新を実行する

「http://localhost/php/1004/updateIndex.php」をWebブラウザのURLに指定しアクセスします。更新したい「商品ID」を選択して「更新する」ボタンをクリックすると❶、「updateConfirm.php」に遷移します。

遷移先の「updateConfirm.php」では、「メーカー」「硬度」「価格」などの中で変更したい項目を編集し、「更新する」ボタンをクリックすると❷、次に「updateReult.php」に遷移して、「データを更新しました」というメッセージとともに更新処理が完了します。

❶ IDを選択してクリックする

❷ 編集してクリックする

メッセージが表示される

理解 効率を考えたSQLの実行

更新用のトップページ

「updateIndex.php」では、更新するデータの商品IDを選択し「更新する」ボタンをクリックことで、「updateConfirm.php」に遷移します。

更新用データの表示ページ

「updateConfirm.php」は実際に更新データを入力するページになります。商品IDは変更不可ですので問題ありませんが、メーカーと硬度に関しては更新前データが選択された状態になるようにしています。商品ID以外の値を修正して「更新する」ボタンをクリックすると、「updateResult.php」へ遷移します。

更新結果を表示するページ

更新処理を行う場合でも送信されたデータを受け取り、PDOオブジェクトを作成するまでの流れは同じです。その後、更新用のSQL文を記述していますが、SET句の中に記述された「:maker」「:hardness」「:price」は、追加処理でも触れたプレースホルダになります。

今回、更新できる項目は「メーカー」「硬度」「価格」の3つですが、UPDATE文によってデータベースを更新する際、変更したくない値も元の値で上書きを行っています。

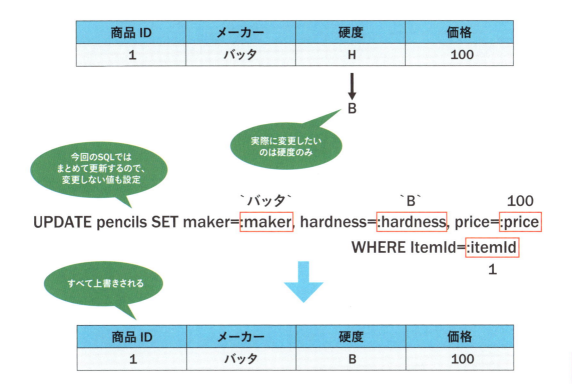

今回も1件分の更新ですのでメリットは薄いですが、**何件もの更新処理を行う際にSQL文を何度も記述しなくて良いことは、不要なミスを防ぐ**ことにもつながります。以降の処理も「insertResult.php」と、ほとんど同じになります。

まとめ

- ●データベースを利用する大きな流れは検索処理と同じ
- ●更新処理にはUPDATE文を使用する
- ●UPDATE文はプレースホルダを使い、更新する値以外の部分をテンプレートとして登録しておく
- ●更新するデータをプレースホルダにセットし、実行することでデータが更新される
- ●更新した結果、テーブルに更新された行数が返ってくる

10-4 データを更新するプログラム

5 データを削除するプログラム

完成ファイル｜なし

予習 不要なデータの削除

テーブルにあるデータを削除するには、以下のSQL文を使用します。

```
DELETE FROM テーブル名 WHERE 条件
```

WHEREの条件には、UPDATEで更新をする場合と同様、主キー（今回の場合は、itemId）などを指定します。
WHERE句以降の条件指定を記述しない場合、すべての行が削除されますので注意が必要です。

COLUMN 論理削除

実際にデータを消すのではなく、データを残しながら削除と同じ扱いにすることを論理削除と呼びます。反対にDELETEを利用して削除することを物理削除と呼びます。
以下の表の「取扱い」列が「無」の場合、論理削除の状態を表します。実際にデータは削除されませんが、検索時には「取扱い」が「有」のみを検索することによって、ユーザに見せるデータを操作することが可能です。
また、論理削除であれば、データを戻したいときに戻せるメリットもあります。

商品ID	メーカー	硬度	価格	取扱い
1	バッタ	H	100	有
2	かいてる	H	110	無

体験 テーブルのデータを削除しよう

1 作業用ファイルを確認する

エディタのツリービューで「1005」フォルダに「header.php」「deleteIndex.php」「deleteResult.php」があることを確認します。なお、ここではファイルの編集は行いません。

3つのファイルを確認する

2 データの削除を実行する

「http://localhost/php/1005/deleteIndex.php」をWebブラウザのURLに指定しアクセスします。削除したい「商品ID」を選択して「削除する」ボタンをクリックすると ①、「deleteResult.php」に遷移し、「データを削除しました」というメッセージが表示されます。商品の一覧を確認すると、先ほど選択したデータが削除されていることが確認できます。

① IDを選択してクリックする

メッセージが表示される

データが削除されている

10-5 データを削除するプログラム

 理解 削除結果の取得

>>> 削除用のトップページ

「deleteIndex.php」では、削除するデータの商品IDを選択し、「削除する」ボタンをクリックすることで、「deleteResult.php」に遷移します。

>>> 削除結果を表示するページ

削除処理を行う場合でも送信されたデータを受け取り、PDOオブジェクトを作成するまでの流れは同じです。その後、削除用のSQL文を記述していますが、WHERE句の中に記述された「:itemId」はプレースホルダで、その後のbindValueメソッドを使って具体的な値を指定しています。

executeメソッドは戻り値として、SQLが成功した場合はtrue、SQLが失敗した場合はfalseを返します。今回の処理では、executeメソッドの戻り値は使用していませんが、更新しようとした際に文字列が長すぎたなど、SQLが失敗した場合の判定に利用できます。

「追加」「更新」「削除」のようにデータベース更新処理を行った際に、何行の更新を行ったかを取得するには、今までと同様にrowCountメソッドを使用します。

表示結果では「処理対象の行数が0より大きければ」という条件になっていますが、もちろん「処理対象の行数が1と等しければ」という条件でもかまいません。

ただし、SQL文によっては複数行が処理の対象になりえますので、その場合は「処理対象の行数が0より大きければ」という条件にしなければなりません。

まとめ

- データベースを利用する大きな流れは検索処理と同じ
- 削除処理にはDELETE文を使用する
- DELETE文はプレースホルダを使い、削除する条件の値以外の部分をテンプレートとして登録しておく
- 削除するデータをプレースホルダにセットし、実行することでデータが削除される
- 削除した結果、テーブルに削除された行数が返ってくる

COLUMN　SQLインジェクション

[体験]のローカル開発環境においては問題ありませんが、インターネット上で公開されたプログラムにおいてSQLを実行する際に、ユーザーが入力した値をそのまま、SQL文に以下のように含めてしまうのは大変危険な行為です。

```
$sql = "SELECT * FROM pencils WHERE maker='" . $_POST ["maker"] . "'";
$result = $dbInfo->query ( $sql );
```

「`$_POST ["maker"]`」には、ユーザーが入力した文字列が格納されています。ユーザーが入力した文字列にSQLが含まれていた場合、それをそのまま文字列結合すると、意図しないSQLをデータベースに実行してしまう可能性があります。その結果、不正に情報を引き出されたり、更新されてしまい、情報漏えいにつながってしまうこともあります。そのような攻撃手法を「SQLインジェクション」と呼びます。

それを避けるためには、ユーザーが入力した文字列にSQLが含まれていた場合、それを無効化するprepareメソッドとプレースホルダーを利用します。以下はその例です。

```
// :makerをプレースホルダーにする
$sql = "SELECT * FROM pencils WHERE maker=:maker";
// SQL文のテンプレート化
$stmt = $dbInfo->prepare($sql);
// プレースホルダーにユーザーの入力値を設定
$stmt->bindParam(":maker", $_POST ["maker"], PDO::PARAM_STR);
// SQLの実行
$stmt->execute();
// 実行結果を連想配列で取得
$result = $stmt->fetchAll(PDO::FETCH_ASSOC);
```

プレースホルダーの利用の仕方は更新処理と変わりません。SQL実行後に、SELECT文の結果をすべて取得するためfetchAllメソッドを利用します。fetchAllメソッドの引数に指定しているPDO::FETCH_ASSOCは、結果を連想配列で取得するために必要な値です。
上記のように、bindParamを使うことで、SQLインジェクションを防ぐことができることを知っておきましょう。

第10章 練習問題

■問題1

PDOオブジェクトを生成する際の引数にはそれぞれ何を指定するか答えなさい。

```
$dbh = new PDO(①, ②, ③);
```

ヒント 10-2

■問題2

次のプログラムはpencilsテーブルよりitemIdが1と一致するレコードのpriceを150に更新するものである。プログラム内の穴を埋めて完成させなさい。

```php
<?php
$dsn = "mysql:dbname=stationery;host=localhost;port=3306;charset=utf8";
$user = "root";
$password = "";
$dbinfo = new PDO($dsn, $username, $passwd );
$sql = "UPDATE pencils SET price = ① FROM pencil WHERE itemid = ②;"
$cstmt = $dbinfo ->③( $sql );
$cstmt ->④ (:price, 1, PDO::PARAM_INT);
$cstmt ->④ (:itemid, 150, PDO::PARAM_INT);
$result = $cstmt ->⑤;
?>
```

ヒント 10-4

練習問題解答

第1章 練習問題解答

■問題1

① 順次　　② 分岐　　③ 繰り返し

➡22ページ参照

■問題2

http://localhost/Chap1/Sample/Sample1.php

➡44ページ参照

■問題3

②

➡46ページ参照

■問題4

echo

➡49ページ参照

第2章 練習問題解答

■問題1

① 静的　②動的　③GET　④POST

➡ 56、62ページ参照

■問題2

①

➡ 58ページ参照

■問題3

① name　② "job"

➡ 65ページ参照

フォームを使ってPOST送信でデータを送信する際は、name属性にキーを設定し、PHPのプログラムでは「$_POST("キー")」という命令でデータを受け取ります。

第3章 練習問題解答

■問題1

③

➡ 71ページ参照

■問題2

足し算の結果は300です。

➡ 87ページ参照

文字列や変数を結合する際には「.」(ピリオド)を利用します。PHPで計算処理を行う場合は、四則演算子を使います。計算結果を変数に代入することで、再利用できます。

第4章 練習問題解答

■問題1

① true　② false　③ ==　④ !=

➡92ページ参照

■問題2

テストの結果はBランクです。

➡110ページ参照

第5章 練習問題解答

■問題1

① A　② E　③ A　④ G　⑤ B　⑥ A

➡126ページ参照

解説

for文()の中は「;」(セミコロン)で区切り、カウンタ変数の初期値の代入、繰り返しの条件、繰り返し後の処理を記述します。繰り返し文の処理ではカウンタ変数に文字列を結合し、初回は「1回目の繰り返し」を表示するので、カウンター変数の初期値は「1」となります。以降の処理では「2回目の繰り返し」最後に表示される文字列は「3回目の繰り返し」となるので、カウンタ変数を1ずつ加算し、カウンタ変数「$i」が「4」未満の間繰り返す条件を指定します。

■問題2

```
<?php
    $i = 1;
    while ($i < 4) {
        echo $i. "回目の繰り返し<br>";
        $i++;
    }
?>
```

➡132ページ参照

第6章 練習問題解答

■問題1

① ×　② ○　③ ×

➡ 144、160、162ページ参照

■問題2

① 4　② $fruits[$i]　③ break

解説
配列のすべての要素と変数「$keyword」を比較するため、繰り返しの条件は配列の要素数である「4」を指定します。if文の条件には配列の各要素と比較し、一致した場合にbreak文を使い繰り返し処理を終了するようにします。配列の添え字にカウンタ変数を使用することで、各要素を先頭から順番に利用することが可能となります。

第7章 練習問題解答

■問題1

① 関数　② 関数名　③ 引数　④ 戻り値　⑤ return

➡ 168ページ参照

■問題2

```
str_replace("Java", "PHP", "Hello Java World");
```

➡ 187ページ参照

解説
「str_replace()」は第3引数に指定した文字列の中の第1引数で指定した文字列をすべて第2引数に変換します。

■ 問題3

```
function calc($base,$height){
    return $base * $height / 2;
}
```

➡188ページ参照

関数の定義は「function 関数名(引数リスト){処理}」の順で記述します。今回は関数名が「calc」となり引数は2つ定義します、複数定義をする際にカンマで区切ります。今回の問題は三角形の面積を戻り値として呼び出し元に返すので、「return」で計算結果を返します。

第8章　練習問題解答

■ 問題1

① ステートフル　② ステートレス　③ セッションID　④ クッキー

➡196ページ参照

■ 問題2

① ×　② ○

➡211ページ参照

①セッション管理を開始するには「session_start()」関数を使用します。

■ 問題3

```php
<?php
    if ( isset( $_SESSION["cart"] ) == true && isset( $_POST["item"] ) == true ) {
        $_SESSION["cart"][] = $_POST["item"];

    } elseif ( isset( $_POST["item"] ) == true ) {
        $_SESSION["cart"] = [$_POST["item"]];
    }
?>
```

➡ 214ページ参照

解説
「$_SESSION[キー] = データ」とし複数回アクセスをした場合、一つのセッション変数にデータが上書きされます。「$_SESSION[キー][] = データ」とした場合は、セッション内の配列に要素を追加することができます。

第9章 練習問題解答

■ 問題1

① プロパティ　② メソッド　③ オブジェクト

➡ 238ページ参照

■ 問題2

① ×　② ○　③ ○

➡ 243、245ページ参照

解説
①クラス内部外部どこからでもアクセスできるアクセス修飾子は「public」です。

■問題3

①

➡210ページ参照

解説

オブジェクトを作成するにはnew演算子の後ろにクラス名()を指定します。
コンストラクタに引数の指定がある場合はクラス名の後ろの()に引数を指定します。

第10章 練習問題解答

■問題1

① データソース名　② ユーザー名　③ パスワード

➡275ページ参照

■問題2

① :price　② :itemid　③ prepare　④ bindParam　⑤ execute()

➡286ページ参照

解説

PHPのプログラム内に記述するSQL文はプレースホルダーを使用し、具体的な値の設定を別の処理で行います。SQL文の記述のあとには「prepare()」メソッドを呼び出し実行する準備を行います。SQL文のプレースホルダーへの値の設定は「bindParam()」メソッドにより行います。例文のプログラム内の7行目、8行目がそれにあたります。「execute()」メソッドを呼び出すことをでSQL文を実行することができます。

索引

【記号・数字】

-	84
!=	93
"	74
$	71
$_SESSION[]	204
%	84
&&	96
*	84
.php	46
/	84
//	72
;	48
`	74
||	96
+	84
<	93
<=	93
=	71
==	93
>	93
>=	93

【A】

add()	192
Apache	45
ArrayObjectオブジェクト	251
Atom	16

【B】

break	112, 134

【C】

case	112
continue	134
CSS	29, 36
CSS3	35

【D】

DELETE	288

【E】

else	98
elseif	106
extends	261

【F】

false	93
floor	175
foreach文	154

for文	122

【G】

GET	58

【H】

HTML	29
HTML5	35
htmlspecialchars	183

【I】

index.html	44
INSERT	278
IPアドレス	55

【J】

JavaScript	29

【M】

MariaDB	45, 270
max	175
mb_strlen()	185
mb_substr()	185
minus()	193

【P】

PDOクラス	275
POST	62
private	243
protected	243
public	243

【R】

require_once	183
round	175

【S】

SELECT	272
session_start()	203
SQL	29, 270
static	254
switch	112

【T】

true	93

【U】

unset	218
UPDATE	284

【W】

Webアプリケーション	26
Webサーバ	28
Webブラウザ	28

Index

while 文 ……… 128

【X】
XAMPP ……… 10

【あ行】
アクセス権 ……… 240
アクセス修飾子 ……… 243
アロー演算子 ……… 245
入れ子 ……… 111
インデックス ……… 145
オブジェクト ……… 239

【か行】
確認画面 ……… 230
空文字 ……… 117
関数 ……… 23, 168
関数の定義 ……… 189
関数の呼び出し ……… 189
関数名 ……… 168
完了画面 ……… 234
クッキー ……… 202
クライアント ……… 40
クラス ……… 238
繰り返し ……… 22
繰り返し処理 ……… 122
継承 ……… 258
結合 ……… 74
コメント ……… 34, 48
コンストラクタ ……… 244
コンパイル ……… 21

【さ行】
サーバ ……… 40
サーバサイドスクリプト ……… 27
差分コーディング ……… 263
差分プログラミング ……… 263
四則演算子 ……… 84
順次 ……… 22
条件 ……… 92
シングルクォーテーション ……… 74
数値 ……… 78
スクリプト言語 ……… 24
スコープ解決演算子 ……… 262
ステートフル ……… 198
ステートレス ……… 197
整数 ……… 80
静的ページ ……… 56
セッション ……… 196
セッションID ……… 201
セッション管理 ……… 203, 221
セッション変数 ……… 204
セミコロン ……… 48
添え字 ……… 145

属性 ……… 34

【た行】
代入演算子 ……… 71
ダブルクォーテーション ……… 74
単一継承 ……… 261
定数 ……… 183
データ型 ……… 78
データソース名 ……… 275
データベース ……… 28, 266
テキストエディタ ……… 16
動的ページ ……… 56

【な行】
入力画面 ……… 232
ネスト ……… 111

【は行】
配列 ……… 144
半角英数字 ……… 46
比較演算子 ……… 93
引数 ……… 169
フォームタグ ……… 35
浮動小数点数 ……… 80
プログラミング ……… 20
プログラム ……… 20
ブロック ……… 98
プロパティ ……… 239
分岐 ……… 22
変数 ……… 68
変数の定義 ……… 72
変数の未定義 ……… 72
変数名 ……… 71

【ま行】
見出しタグ ……… 34
無限ループ ……… 132
メソッド ……… 239
文字列 ……… 78

【や行】
ユーザー定義関数 ……… 188
要素 ……… 145
要素数 ……… 145

【ら行】
リクエスト ……… 40
リダイレクト ……… 186
リファラ ……… 55
リンクタグ ……… 34
レスポンス ……… 40
連想配列 ……… 162
論理演算子 ……… 96
論理値 ……… 78

[著者略歴]

小田垣　佑（おだがき　ゆう）
スリーイン株式会社所属。1980年神奈川県出身。情報系の大学を出ずに、社会人になってから本格的にプログラムを始める。PHPプログラマ・Javaプログラマとして活動しながら、新人研修の時期には、企業向け研修のJava講師などを行う。第1章〜第8章を担当。

大井　渉（おおい　わたる）
スリーイン株式会社所属。1972年神奈川県出身。学生時代はサッカーやラグビーをして過ごす。SE職として開発に携わったあとに講師となり、主にIT系の新入社員の技術指導を行っている。第9章〜第10章を担当。

金替　洋佑（かねがえ　ようすけ）
スリーイン株式会社所属。1980年東京都出身。Javaをメインとしたシステム開発に参画する傍ら、IT企業向けの新人研修にてJava講師などを行う。各章練習問題を担当。

> ● お問い合わせについて
>
> 本書の内容に関するご質問は、下記の宛先までFAXまたは書面にてお送りください。なお電話によるご質問、および本書に記載されている内容以外の事柄に関するご質問にはお答えできかねます。あらかじめご了承ください。
>
> 〒162-0846
> 東京都新宿区市谷左内町21-13
> 株式会社技術評論社　書籍編集部
> 「3ステップでしっかり学ぶ　PHP入門」質問係
> FAX番号　03-3513-6167
>
> なお、ご質問の際に記載いただいた個人情報は、ご質問の返答以外の目的には使用いたしません。また、ご質問の返答後は速やかに削除させていただきます。

- **カバーデザイン**
  小川純（オガワデザイン）
- **カバーイラスト**
  日暮真理絵
- **DTP・本文イラスト**
  安達恵美子
- **編集**
  春原正彦
- **技術評論社ホームページ**
  https://book.gihyo.jp

3ステップでしっかり学ぶ PHP入門
（スリーステップでしっかりまなぶ ピーエイチピーにゅうもん）

2017年 8 月 3 日　初版　第1刷発行
2021年 8 月10日　初版　第2刷発行

著者	小田垣 佑（おだがき ゆう）、大井 渉（おおい わたる）、金替 洋佑（かねがえ ようすけ）
発行者	片岡 巌
発行所	株式会社技術評論社 東京都新宿区市谷左内町21-13 　電話　03-3513-6150　販売促進部 　　　　03-3513-6160　書籍編集部
印刷／製本	図書印刷株式会社

定価はカバーに表示してあります。

造本には細心の注意を払っておりますが、万一、乱丁（ページの乱れ）や落丁（ページの抜け）がございましたら、小社販売促進部までお送りください。送料小社負担にてお取り替えいたします。

本書の一部または全部を著作権法の定める範囲を越え、無断で複写、複製、転載、テープ化、ファイルに落とすことを禁じます。

©2017　スリーイン株式会社

ISBN978-4-7741-9044-0　C3055
Printed in Japan